지구를 사랑하는
어린이를 위한
생물학 동화
최재천의
동물대탐험

## 7. 무왕가 할머니의 장례식

최재천 기획 · 황혜영 글 · 박현미 그림 · 안선영 해설

# 서문

저는 어려서 타잔을 흠모했습니다. 그림처럼 황홀한 숲속 트리하우스에 살며 배고프면 그저 손 뻗어 바나나를 따 먹고, 땀 나면 호수에 풍덩, 위험하면 두 손 모아 "아아~아아~" 부르면 코끼리 떼가 달려오고 천국이 따로 없어 보였습니다. 하지만 타잔 동네는 비행기를 타고 가야 하는 아주 먼 열대 정글이라는 사실을 알아내곤 저는 깊은 실망에 빠졌습니다. 그러던 어느 날 《허클베리 핀의 모험》을 읽고는 뗏목을 만들어 강을 따라 여행하며 모험을 즐기고 싶었습니다. 하지만 저는 주정뱅이 아버지 슬하에서 크는 것도 아니어서 딱히 가출할 명분이 없었습니다. 그래서 선택한 제 삶은 말하자면 《톰 소여의 모험》이었습니다.

학교가 파하면 동네 아이들은 언제나 우리 집 대문 앞으로 모여들었습니다. 제가 나와 '오늘의 놀이'를 정해 줘야 드디어 동네가 활기를 띠기 시작했습니다. 다방구, 말뚝박기, 망까기, 기마전, 술래잡기, 무궁화꽃이피었습니다 등등. 이렇게 적어 놓고 보니 퍽 다양한 것처럼 보이지만 허구한 날 비슷비슷한 놀이를 반복하는 게 지겨워 저는 자주 놀이의 규칙을 조금씩 바꾸곤 했습니다. 그러다 보면 이웃 동네 아이들이 하는 놀이와는 상당히 다른 우리들만의 놀이가 탄생하기도 했습니다. 제가 생물학자가 되지 않았더라면 지금 쯤 어쩌면 게임 회사를 차려 거부가 되었을지도 모릅니다.

돌이켜 보면 그때 우리는 비록 풍족하지는 않았지만 즐거웠던 것 같습니다. 동네 구석구석이 지저분하고 오물 냄새도 진동했지만 조금만 벗어나면 공터도 있고 개천도 흘렀습니다. 조금 헐벗었지만 제법 풋풋한 자연이 우리 곁에 있었습니다. 친구들과 몰려다니며 올챙이, 방아깨비, 풀무치도 잡고, 동네를 돌며 거미줄을 잔뜩 모아 그걸로 잠자리도 잡곤 했습니다. 이 지구 생태계를 공유하고 사는 다른 생명들과 함께 부대끼며 살았습니다.

그런데 지금 우리 아이들은 자연과 철저하게 격리된 삶을 살고 있습니다. 게다가 코로나19 팬데믹으로 인해 그나마 간간이 엄마 아빠와 함께 가던 동물원, 식물원 그리고 바닷가도 마음 놓고 가 보지 못했습니다. 전염병 전문가들의 예측에 따르면 우리 인간이 자연과의 관계를 제대로 정립하지 않으면 앞으로 팬데믹과 같은 재앙을 점점 더 자주 겪게 될 것이랍니다. 우리 아이들이 이담에 커서 안정적인 직장을 갖고 편안하게 살아가려면 이른바 '국영수' 공부도 중요하겠지요. 그러나 만물의 영장이라고 거들먹거리던 우리는 이번에 삶과 죽음의 갈림길에 던져졌습니다. 과학 문명의 시대에 어떻게 이런 일이 일어났을까요? 우리는 이번에 분명히 배웠습니다. 아무리 과학기술이 발달해도 기후 변화가 멈추지 않는 한 우리는 앞으로 종종 죽고사는 문제에 부딪히고 말 것이라는 사실을.

공교육이라면 당연히 국영수만 가르칠 게 아니라 자연에 대한 감수성도 키워 줘야 하지만, 그걸 넋 놓고 기다릴 수 없어 제가 이번에 《최재천의 동물 대탐험》이라는 동화 시리즈를 기획했습니다. 저는 평소에 늘 "배우는 줄도 모르며 즐기다 보니 어느덧 배웠더라" 하는 교육이 가장 훌륭한 교육이라고 떠들어 왔습니다. 그냥 흥미로워서 읽다 보면 저절로 우리와 함께 이 지구에 살고 있는 동물들에 대해서 알게 되고 자연스레 자연의 섭리도 깨우쳐 보다 현명한 사람으로 성장하리라 기대합니다.

기후변화가 가속화하고 생물다양성이 감소하며 전염병 창궐이 빈번해지면서 사람들은 종종 지구의 미래가 걱정된다고 말합니다. 그러면 저는 이렇게 답합니다. 별 걱정을 다하신다고. 우리 인류의 미래가 염려스러운 것이지 지구는 버텨낼 것이라고요. 호모 사피엔스만 사라져 주면 지구는 빠른 속도로 회복할 것입니다. 물론 지금의 상태로 되돌아올 수 있을지는 미지수이지만 어떤 형태로든 건강을 되찾을 겁니다. 어쩌다 우리가 이런 존재가 되어버렸을까요? 참 참담합니다.

이번에는 개미박사님과 우리 탐험대가 코끼리를 만나러 갑니다. 코끼리는 고래와 더불어 덩치에 걸맞게 큰 두뇌를 지닌 동물입니다. 그래서 매우 영리하고 현명하기까지 합니다. 가장 나이 많은 할머니의 경험과 지혜를 존중하며 원만한 무리 생활을 합니다. 가족 간의 사랑이 두텁기로 소문이 나 있고 심지어는 먼저 떠난 조상을 기억하고 추모하기도 합니다. 물과 먹이를 찾아 긴 여행을 하는 중간에도 돌아가신 어머니나 할머니의 뼈가 있는 곳에 들러 조문하고 갑니다. 이 이야기에서는 우리 탐험대 친구들이 코끼리 짹짹이를 활용하여 코끼리의 말을 알아듣지만, 동물원에 있는 몇몇 코끼리들은 사육사가 하는 말을 알아듣고 때론 자기들 나름의 대꾸도 하는 걸로 관찰되었습니다. 이렇게 영민한 동물이 수난을 겪고 있습니다. 상아를 팔아먹으려는 밀렵꾼들의 만행으로 이제 아프리카에는 예전처럼 거대한 상아를 뽐내는 코끼리를 볼 수 없습니다. 큰 상아를 지닌 큰 수컷들이 거의 사라진 상황에서 상아가 작은 수컷들이 짝짓기에 성공하는 바람에 이제는 아담한 상아를 지닌 수컷들만 태어나기 때문입니다. 인간이 단시간에 코끼리 진화의 방향을 바꿔 버린 겁니다. 참으로 대단하지 않나요? 이렇듯 우리 인간은 어느덧 다른 동물의 삶을 좌지우지하는 막강한 존재가 되었습니다. 그런 만큼 훨씬 더 조심스레 행동해야 하지 않을까요? 이 책을 읽고 자란 우리 어린 친구들은 그런 훌륭한 어른이 되어 이 지구를 위기에서 구해 주기 바랍니다.

# 등장인물

## 개미박사

동물의 생태와 행동을 연구하는 생태학자이자 동물행동학자.
'재단'으로부터 특별한 임무를 부여 받고 비밀리에 활약 중이다.
하늘을 나는 비글호를 타고 아이들과 함께 정글과 바다를 종횡무진
누빈다. 40년 만에 아프리카 칼라하리 사막에 도착하자
학살 현장에서 구조했던 '꼬마'와의 추억에 젖는다.
꼬마는 잘 지내고 있을까?

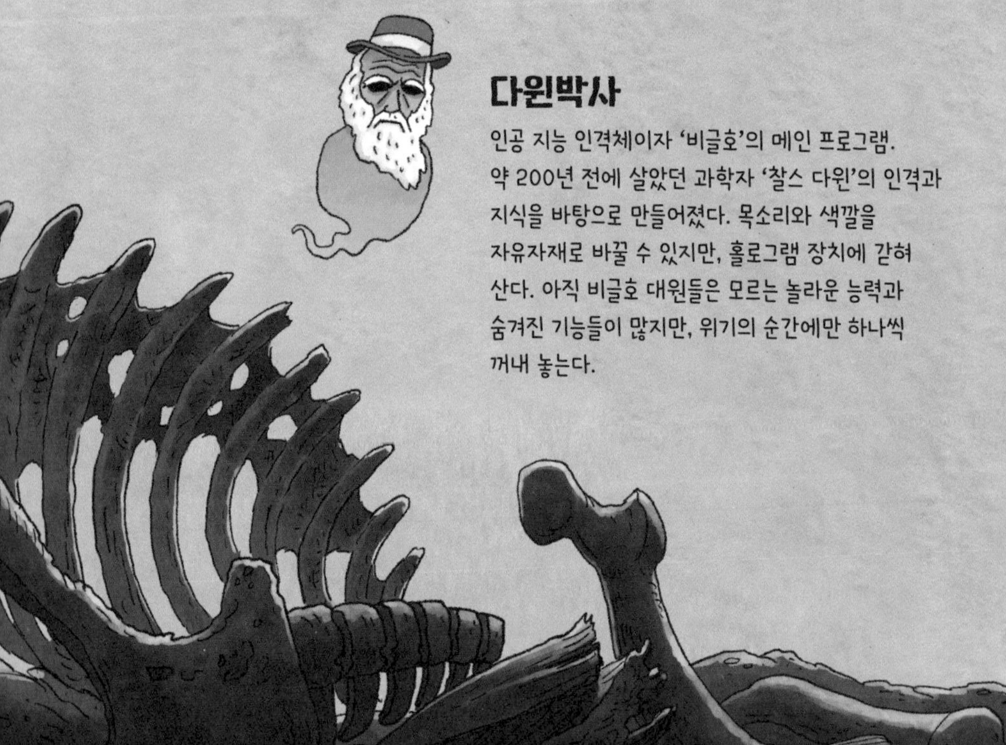

## 다윈박사

인공 지능 인격체이자 '비글호'의 메인 프로그램.
약 200년 전에 살았던 과학자 '찰스 다윈'의 인격과
지식을 바탕으로 만들어졌다. 목소리와 색깔을
자유자재로 바꿀 수 있지만, 홀로그램 장치에 갇혀
산다. 아직 비글호 대원들은 모르는 놀라운 능력과
숨겨진 기능들이 많지만, 위기의 순간에만 하나씩
꺼내 놓는다.

## 호야

호기심 많고 똘똘한
10살 소년. 독서를
좋아하고, 기억력이
뛰어나서 친구들이
부러워한다. 그런데
이번에 자신보다
더 기억력이 좋은
동물을 만난 것 같다!

## 아라

미리보다 한 살 어린 동생.
씩씩한 태권 소녀지만,
마음이 여리고 동정심이
많다. 개미박사가 들려준
꼬마 이야기를 듣고
눈이 퉁퉁 붓도록 울었다.

## 미리

동물을 사랑하고 환경
보호에 관심이 많은
11살 소녀. 살아 있는
모든 생명을 사랑하고,
동물과 대화하기를
즐긴다. 코끼리와도
말이 통할지 궁금하다!

## 와니

엉뚱함과 호기심,
유머 감각이 가득한
10살 소년. 이것저것
할 줄 아는 것도 많고,
해 보고 싶은 것도 많다.
칼라하리 사막에서
진짜 야생 코끼리를
만날 생각에 두근거린다.
악. 그런데 이렇게 만날
생각은 아니었다!

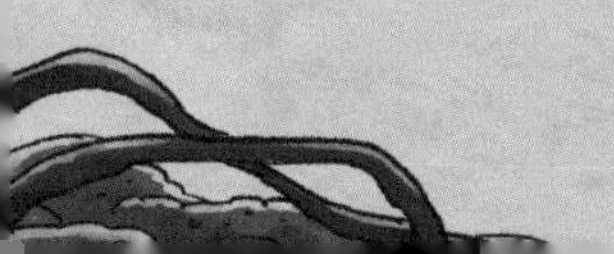

# 차례


서문 4

등장인물 8

프롤로그 12

1. 도깨비불 18

2. 새벽의 방문객 36

3. 진흙 목욕 58

4. 한밤의 소동 78

5. 코끼리는 절대 잊지 않는다 96

6. 코끼리 무덤 116

7. 장마 집회 134

에필로그 158

개미박사의 생물학 교실 164

팩트체크 174

# 프롤로그

재단 회의실에서 개미박사님과 침팬지박사님은 알리사가 보내온 영상을 보고 있다. 알리사는 재단에서 운영하는 생태 학교를 다니며 새로운 생활에 적응 중이다. 알리사는 몬테베르데 고산지대 마을의 말로 알고 있던 식물과 동물과 벌레의 정식 이름을 배우고, 세상 사람들은 아직 모르는 풀과 벌레에 대해 알려 주기도 한다. 알리사는 친구도 사귀고, 슬로우들과 자원봉사도 나간다. 지금은 《알리사의 식물 사전》을 만드는 일에 열중하고 있다. 가끔은 나무늘보 가족을 보러 고향 숲으로 간다.

“늘보를 찾아 주신 개미박사님, 고마워요. 전 재미있게 잘 지내요. 그럼 이만!”

더위 때문인지 흥분 때문인지 쫑알쫑알 그곳의 생활에 대해서 이야기하는 알리사 뺨이 빨갛게 익어 있었다. 알리사가 잘 지내는 모습을 보니 가슴이 따뜻해졌다. 침팬지박사님이 개미박사님에게 알리사의 근황을 더 알려 주었다.

“아이들이 성장하고 변화하는 걸 지켜보는 것만큼 보람 있는 일은 없어요. 참, 그래서 말입니다만, 좀 이상한 게 있어서요.”

개미박사님은 망설이다 이야기를 꺼냈다. 사실은 과학자로서도 궁금했다.

"비글호 탐사 중에 아이들에게 이상한 일이 생겨서요. 처음에는 오류겠거니 했는데, 아무래도 그게 아닌 것 같아요. 뭐랄까, 일종의 초능력 같기도 하고요."

개미박사님은 돌고래와 대화하던 미리의 짹짹이 연결이 끊어져 있더라는 이야기를 했다. 처음에는 단순한 오류일 거라고 생각했지만, 침팬지 보호소를 떠날 무렵 의심은 다시 꼬리를 물었다. 어느 순간 아이들은 짹짹이 없이도 침팬지들과 자유

롭게 대화할 수 있었다. 처음에는 미리에게만 그런 능력이 있나 싶었지만, 그 능력은 곧 호야, 와니, 아라 모두에게 퍼졌고, 단순히 침팬지 말만 알아듣는 것도 아니고 여러 다른 동물과도 커뮤니케이션이 가능해졌다. 이런 현상을 어떻게 과학적으로 설명할 수 있을까?

"이걸 정말로 초능력이라고 부를 수 있을까요? 아주 특이한 현상입니다."

개미박사님이 말하자, 침팬지박사님은 웃으며 뜻밖의 대답을 했다.

"그건 전혀 특별한 능력이 아니에요. 동물과 소통하는 건 누구나 할 수 있어요. 단지 깨닫지 못할 뿐이죠. 나도 그랬거든요."

"좀 자세히 들려주십시오. 우리 연구자들이야 수십 년에 거친 훈련과 전문 지식으로 어느 정도 소통은 가능하지만요, 박사님도 그런 초능력이 있단 말씀인가요?"

"스물여섯 살 무렵, 아무 준비도 없이 침팬지 숲으로 갔었죠. 오히려 그래서 아무런 편견도 선입견도 없었던 것 같아요. 사람들은 침팬지를 무서워하는데, 전 두렵지 않았어요. 내가 해칠 마음이 없다는 걸, 침팬지들이 알아줄 거라고 믿었거든요. 나는 나무나 돌처럼 침팬지들이 나를 신경 쓰지 않고 그저 숲의 일부로 받아들이길 원했죠. 난 아무것도 하지 않고, 그저 가만히 있었어요. 매일 새벽 4시에 일어나서 2시간 정도 숲을 걸어서 침팬지들이 사는 곳에 갔어요. 그대로 숲에서 잠든 날도 많았어요. 난 내가 보고 듣고 느낀 모든 것을 기록했죠. 그러다 어느새 침팬지가 하는 말을 알아듣고 있더군요. 그들이 하는 말을 마음으로 들을 수 있었죠."

"아, 무슨 뜻인지 알겠어요. 그래도 저에겐 참 특별한 능력으로 여겨집니다."

"대부분은 '그런 초능력을 어디에 쓰게?'라고 할걸요. 하하하. 그런데 참, 아모스라는 아이, 기억나세요?"

유쾌하게 웃던 침팬지박사님이 갑자기 생각난 듯 물었다.

"아모스라…, 아, 야생 고기 식당 이름이 '아모스네 식당'이었던 것 같아요. 침팬지 새끼를 보호하고 있던 아이, 맞아요. 그 아이가 아모스였죠. 무슨 일입니까?"

"그 아모스라는 아이가 물어물어 침풍가 보호소에 찾아왔더랍니다."

"알리사처럼 말이죠?"

"마침 여름 방학이라 외할머니 집에 간다면서 며칠을 걸어왔

대요.”

“그 먼 거리를…, 아직 어릴 텐데요.”

“새끼 침팬지가 잘 지내는지 보러 왔다고 했다더군요. 그렇게 아모스도 슬로우랑 어렵게 연결이 되었어요.”

“아이들에게는 정말로 무한한 능력이 있다는 걸 종종 잊곤 합니다.”

개미박사님은 새끼 침팬지를 소중히 안고 있던 소년의 눈망울을 떠올렸다. 딸깍. 인류에게 또 하나 작은 희망의 불씨가 켜진 것을 느꼈다.

# 1. 도깨비불

비글호는 드넓은 초원 위를 자유롭게 떠다녔다. 엔진을 끈 채 며칠째 해안가 쪽으로 부는 바람에 실려 목표 지점으로 날아가는 중이다.

"어디로 가면 코끼리를 볼 수 있어요?"

호야가 고개를 빼고 창문 아래를 내려다보며 물었다.

"아프리카 땅까지 왔는데, 우리가 본 건 동네 강아지들뿐이었다고요."

"침팬지도 봤잖아. 아, 쥬바랑 루루 보고 싶다."

"난 사자가 보고 싶어. 표범이나 치타도. 빠르고 강한 육식 동물이 좋더라."

"난 하마. 아니, 코뿔소? 뭔가 다른 행성에 사는 것처럼 엄청 개성 있잖아."

"야, 개성 있는 걸로 치면 코끼리가 최고 아니냐? 마주치면 심장이 쪼그라들 거 같아."

보고 싶은 동물들은 제각각이었지만, 결론은 역시나 코끼리였다. 왜 우리는 모두 코끼리를 보고 싶어 할까? 사람들은 왜 코끼리를 좋아할까? 왜 코끼리와 마주치는 순간을 고대하는 것일까?

"어마어마하게 크잖아. 고래처럼. 뭔가 그 크기에 압도되는 것 같아."

아이들은 제돌이와 함께 만난 귀신고래를 떠올렸다. 거대한 고래를 마주하게 되면, 인간이 자연 앞에 얼마나 하찮은 존재인지 새삼 느끼게 된다.

개미박사님은 말없이 골똘히 생각에 잠겨 있었다. 하여튼, 뭔가에 정신이 팔리면 아무것도 모르시니까.

"다윈박사님! 여기가 어디예요? 위치 좀 알려 주세요."

저 아래로 보이는 풍경은 드문드문 비틀린 나무와 풀로 덮인 끝없는 황무지뿐이었다. 가끔 크고 작은 물웅덩이와 작은 숲이

나올 때도 있었지만, 개미박사님이 데려다주겠다고 약속한 사막은 아니었다.

"우리는 아프리카 지역으로 들어왔어. 나미비아, 잠비아, 보츠와나. 아프리카코끼리 대부분은 이 세 나라에 흩어져 살고 있지. 30분 뒤 착륙할 이곳은…"

"네? 착륙이요? 벌써요?"

"착륙점은 아프리카 최대 코끼리 보유국인 보츠와나의 칼라하리 자연 보호 구역이야. 칼라하리 사막에서 캠프를 차릴 거야. 칼라하리 사막 대부분은 풀과 가시덤불이 있는 반사막 지대야. 메마른 초원 같다고나 할까. 너희들이 상상하는 끝없는 모래뿐인 진짜 사막은 남서부에 있단다."

어쨌거나 칼라하리는 정말 멋졌다. 풀로 덮인 사막이라니.

"길고 고통스러운 건기가 끝나고, 마침내 비가 내리기 시작하면 주위가 온통 풀과 야생화로 뒤덮인단다. 사막이 순식간에 초록 옷으로 바꿔 입는 걸 보면 정말 신비롭기만 해. 어디서 어떻게 숨죽이고 있다가 날아든 씨앗들인지, 아니면 땅 밑에 숨어 있었는지."

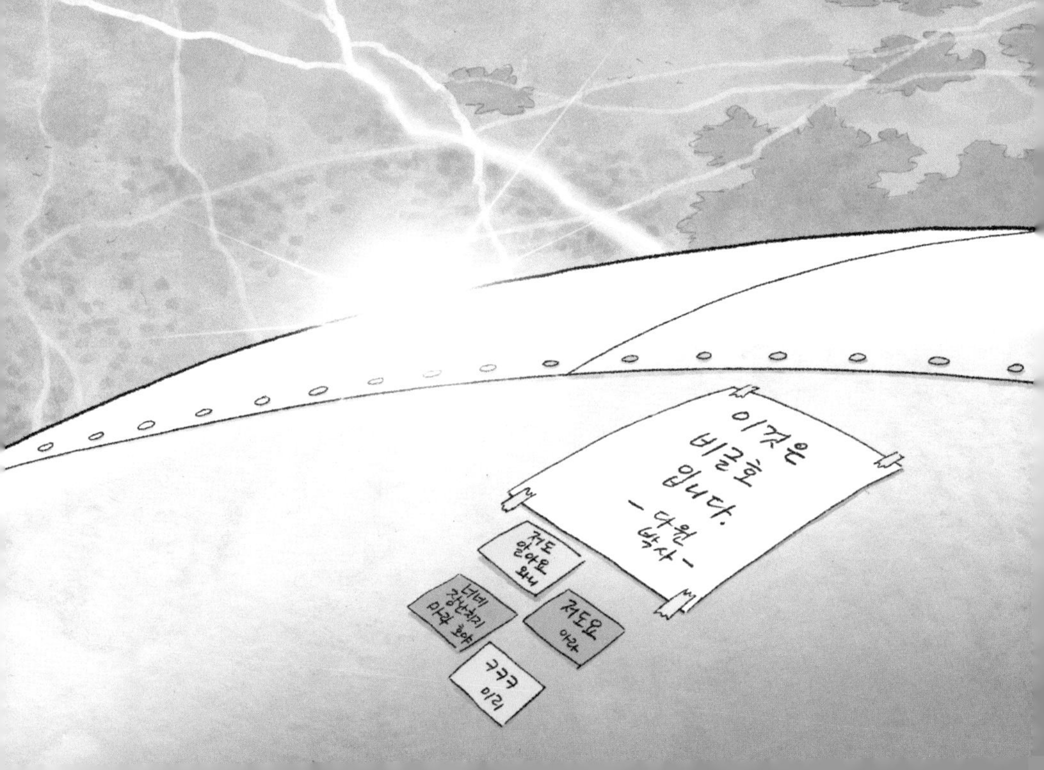

햇빛이 뜨거워서
계란 프라이도
할 수 있어!
치이이이
ㅋㅋㅋ
휴~
다 했다.
오호!
아늑한데?
화덕
만드는 중

개미박사님은 추억에 잠긴 얼굴이었다.

"칼라하리에서는 어느 방향으로든 며칠을 걸어도 사람을 만날 수 없단다. 대신 너희들이 보고 싶어 하던 야생 동물은 실컷 만나게 될 거야. 물론 코끼리도."

바람에 뒤틀리고 기묘하게 휘어진 커다란 아카시아 나무 옆, 비글호는 너른 풀밭 위에 자리를 잡았다. 개미박사님과 아이들은 비글호 옆에 텐트를 치고, 야외에서 캠핑을 하기로 했다. 아이들은 임시 숙소가 될 땅을 고르고, 주변을 치우고, 텐트를 치고, 식사 준비를 도왔다.

"오, 화덕을 만드시다니, 정말 멋져요!"

화덕이라니, 《헨젤과 그레텔》에서만 보던 그 화덕 말이다. 개미박사님은 비글호의 잡동사니 창고에서 커다란 드럼통을 끄집어냈다. 반쯤 잘라 안을 돌로 채운 뒤, 장작불 위에 얹었다. 그리고 얼렁뚱땅 빵을 굽기 시작했다.

"신난다! 칼라하리 사막 한가운데서 갓 구운 빵이라니!"

마침 비글호의 주방장 로봇이 만든 애벌레 햄버거와 야채 삼총사 주먹밥이 슬슬 지겨워진 참이었다. 개미박사님과 아이들은 시골 장에서 옥수수 가루와 사탕수수 가루 그리고 몇 가지 열매와 채소를 샀었다. 이 소박한 재료들로 뚝딱뚝딱 근사

한 빵을 만들 수 있다니, 정말이지 개미박사님은 못하는 게 없다… 는 말은 취소해야겠다.

“이건 빵 껍질이라기엔 좀 심하게 딱딱한데요?”

호야가 키득거리며 두꺼운 빵 껍질을 떼어 냈다. 개미박사님이 구운 빵의 절반은 딱딱한 껍질이었다.

“우리 구복이 같잖아요. 빵 모양도, 갈라지고 딱딱한 껍데기도. 큭큭.”

“엄밀히 말하자면, 그 부분은 빵의 누룽지인 셈이지. 빵과

누룽지를 동시에 먹는 일종의 퓨전 요리야."

"오, 얘들아, 먹어 봐! 맛있어, 맛있어!"

와니는 부드러운 빵의 속살보다 꿀에 찍어 먹는 빵의 누룽지가 맘에 드는 모양이다.

"개미박사님은 여기 와 본 적이 있으세요?"

지평선 너머로 해가 지고 있었다. 온 세상이 붉게 타오르는 듯했다.

"40년 전쯤? 그때 나는 대학원생이었지. 화석 발굴에 잠깐 참여한 적이 있었거든. 최초의 인류 화석이 발견된 곳도 여기서 멀지 않단다."

"와, 그때 얘기 좀 해 주세요. 그때는 여기가 지금보다 훨씬 오지였겠네요?"

아이들은 달콤한 바오밥 주스를 들고 모닥불 근처로 다가들었다. 바오밥 나무 열매로 만든 주스는 고소하면서도 달콤한 맛이었다.

"실은 아까부터 그때 만났던 '꼬마'를 생각하고 있었단다. 절대 잊을 수 없을 거야. 아직도 생김새며 목소리, 냄새까지 생생히 기억나. 이곳에 와 그때와 같은 공기 냄새를 맡으니 더 그립구나."

개미박사님은 40년 전, 칼라하리 사막에서 만난 꼬마 이야기를 시작했다. 역시 캠핑하는 밤에는 모닥불과 옛날이야기가 제격이다. 다윈박사님은 이야기를 듣는 대신, 주위에 모기나 뱀이 없는지 열심히 감시 중이다.

"그때는 아프리카 상황이 지금보다 훨씬 더 나빴거든. 전쟁과 기근으로 하루아침에 마을이 불타 없어지거나 일가족이 몰살당하는 일도 흔했어. 꼬마는 잔인한 학살 현장의 유일한 생존자였단다. 사람들이 꼬마의 가족을 구덩이에 몰아넣고 모두 쏴 죽였대. 할머니, 엄마, 이모, 언니, 오빠들까지, 스물이 넘는 가족이 그렇게 죽었어. 꼬마는 시체 구덩이에 누워 칼을 든 사람들이 가족들 얼굴을 난도질하는 걸 지켜봐야만 했어. 꼬마도 그날 왼쪽 발에 총을 맞았지만, 목숨만은 건졌단다. 죽어 가면서도 엄마가 품에 감싸 보호했던 것 같아."

"살아남은 게 기적이네요."

"꼬마는 차가운 시멘트 바닥에 쇠사슬로 묶여 있었어. 그게 첫 만남이었지. 그 모습을 보자 도저히 참을 수가 없었어. 어쩌다 보니 화석 발굴은 뒷전이 되고, 내가 꼬마를 돌보게 됐단다. 꼬마는 밤마다 악몽을 꾸는지 울부짖으면서 발작을 했는데, 머리를 벽에 마구 부딪쳤어. 그럴 때면 아무도 다가갈 수 없었어. 그런데 신기하게도 내가 옆에 있으면 꼬마가 괜찮아졌어. 다들 내가 무슨 마법이라도 부린다고 믿었지만, 난 그냥 옆에 가만히 있었을 뿐이야. 그러니 내가 돌볼 수밖에. 우리가 같이 있었던 시간은 고작 열흘쯤이었어."

"갠 이름이 뭐예요? 몇 살인데요? 그래서 어떻게 됐어요?"

아라가 훌쩍이며 물었다. 사랑했던 가족을 한날한시에 모두 잃다니, 그리고 그걸 지켜봐야만 했다니, 생각만 해도 눈물이 마구 쏟아졌다.

"그냥 꼬마라고 불렀지. 나이는 두세 살쯤? 대부분 그렇게 살아남은 고아들은 몸이 회복되더라도 마음의 상처는 아물지 않아. 돌봐 줄 사람이 없으니 아마 고아원이나 수용소로 가게 될 운명이었지."

"그래서 꼬마를 고아원에 보냈어요?"

"고아원으로 옮기기로 한 날 새벽, 눈을 떠 보니 옆에 없더구나. 녀석을 돌보는 동안 늘 옆에서 같이 잤거든. 알아듣지는 못했겠지만, 이런저런 이야기도 해 주고, 노래도 불러 주곤 했어. 아직 젖도 안 뗀 아이가 어떻게 감쪽같이 사라졌는지, 누가 데려갔는지, 아니면 혼자 어디로 달아난 건지, 아직도 이유를 몰라. 지금도 몹시 궁금하단다."

개미박사님은 이야기를 이어 가는 대신, 말없이 생각에 잠겼다. 사실 달아난 꼬마 혼자 척박한 사막에서 살아남았을 리 없었다.

"나중에야 칼라하리 사막에서 대대로 살아왔다는 원주민 남자로부터 꼬마의 가족 이야기를 들었지. 이 사막에서 오랫동안 존경받으며 평화롭게 살았던 대가족이라더구나. 특히 가족의 정신적 기둥이었던 지혜로운 할머니 이야기를 하면서 눈물을 흘리더라. 그 남자는 일가족을 몰살시킨 사람들에 대해 몹시 분노했어. 천둥과 불이 언젠가 그들에게 벌을 내릴 거라고. 그래도 나는 꼬마가 살아남았다는 소식에 미소를 지었어."

멀리 들리는 기묘한 울부짖음과 함께 이상하게 공기를 울리는 진동이 느껴졌다. 다윈박사님께 물어보니 울음소리는 자칼이 서로를 부르는 소리라고 했다. 밤이 깊어지고, 슬슬 졸음이 몰려왔다. 이 고요하고 나른한 감각은 뭐지?

"쉿. 가만히 공기를 느껴 봐. 눈을 감고, 소리와 냄새와 진동에 귀 기울여 보렴."

이 너른 땅에서 수많은 야생 동물이 살아가고 있다는 게 믿어지지 않았다. 그러나 눈을 감고 감각에 집중하자, 바람을 타고 미세한 냄새와 소리와 움직임이 느껴졌다. 으스스했다.

"너희들이 보고 싶어 했던 야생 동물은 지금, 여기, 우리와 함께 있단다. 겁이 많거나 경계심이 강한 녀석들이라 풀숲이며 땅굴에 숨어 조용히 우리를 관찰하고 있지. 녀석들은 어서 밤이 되기만을 기다릴걸? 밤이야말로 야생 동물의 시간이니까. 칼라하리에서 우리는 관찰하는 쪽보다 관찰당하는 쪽에 가까워."

"그럼 야영은 위험한 거 아니에요? 우릴 위협하거나 잡아먹으려고 할 수도 있잖아요?"

"40년 전만 해도 칼라하리에는 사람을 한 번도 본 적 없는 야생 동물들이 있었어. 그들은 호기심에 인간에게 다가왔었지. 그러나 지금은 대부분의 야생 동물이 알아서 인간을 피해 간단다. 인간과 마주쳐 봤자 이로울 게 없다는 걸 안 거지. 그런 걸 생각하면 씁쓸해. 40년 사이에 인간이라는 존재에 대해 결국 불신과 원한과 두려움을 갖게 되었다는 사실이."

다윈박사님이 천천히 사방으로 회전하면서 두 눈으로 환한 불빛을 쏘았다. 마치 자동차의 전조등처럼 캄캄한 사막을 밝혔다.

"자, 칼라하리의 밤, 사막의 주인들을 소개하마."

놀랍게도 어둠 속에서 정체를 알 수 없는 도깨비불 수천 개가 둥둥 떠올랐다. 주위가 암흑 속에 잠겨 캄캄했을 때는 이 광활한 사막에 우리 말고는 아무도 없다고 생각했는데, 맙소사! 풀숲과 나무 위, 덤불 사이마다 형광 물질을 흩뿌린 것처럼 번쩍이는 불빛들로 가득했다. 어떤 도깨비불은 아주 가까이서 이글거리며 타오르고 있었다.

"으악, 저게 다 도깨비불인가요?"

"아직 학계에 보고되지 않은 발광체 벌레?"

"사… 사막의 유령인가요?"

개미박사님이 어둠 속에서 킬킬거리며 비웃는 소리가 들렸다.

"도깨비불이 아니라, 눈동자야. 아까부터 다들 우리를 지켜보고 있었단다."

세상에, 이 사막의 주인은 인간이 아니라 야생 동물들이었다. 우리는 그들의 보금자리를 침입한 이방인이었다. 그들이 모든 걸 알고 아까부터 우리를 주시하며 지켜보고 있었다는 사실에 소름이 끼쳤다.

**킬킬킬킬, 끼끼끼끼.**

"오, 애들아. 이제부터라도 우리가 잘할게."

"설마 우리를 잡아먹으려는 건 아니겠지?"

"개미박사님, 자꾸 비웃지 마세요."

몸서리를 치며 와니가 대꾸했다.

"내 웃음소리가 아니야."

개미박사님이 억울하다는 듯이 대꾸했다.

"하이에나야. 바로 우리 앞에 있어."

"네? 뭐라고요?"

이 사막을 수많은 야생 동물들과 나눠 쓰고 있다는 사실을 받아들이자 쌓였던 졸음이 밀려왔다. 혹시 모르니 불씨를 꼼꼼히 없애고, 남은 음식과 쓰레기도 말끔하게 치웠다.

"호기심은 많고 겁은 없는 녀석이 우리 텐트를 몰래 방문할지도 몰라."

"최소한 노크는 해 주겠지? 귀 밝은 다윈박사님이 경보를 울릴 테니까."

아이들은 온갖 동물들의 소리를 들으며 스르륵 달콤한 잠에 빠져들었다. 우리가 사막의 손님으로서 예의를 지킨다면, 녀석들이 이유 없이 공격하지는 않을 것이라는 믿음. 귀를 열고, 감각에 집중하면, 최소한 녀석들이 내는 온갖 소리와 냄새와 존재감은 눈치챌 수 있을 거라는 믿음 때문이었다. 그러나 이 믿음은 새벽이 되자 산산이 부서지고 말았다.

도롱도롱
도롱도롱
도롱도롱
쿨
쿨
쿨
푸하
푸하
음냐음냐

## 2. 새벽의 방문객

어슴푸레한 새벽빛 속에서 제일 먼저 눈을 뜬 건, 호야였다. 천막 너머로 이상한 움직임이 느껴졌다. 밖에 바람이 부는 것도 아닌데, 천막이 부자연스럽게 물결치며 미세하게 진동했다. 동시에 진공 상태에 들어와 있는 것처럼 이상한 기분이 들었다.

'밖에 누가 와 있나?'

호야는 본능적으로 그런 생각이 들었지만, 야생 동물의 낌새는 없었다. 아닐 것이다. 아무 소리도 듣지 못했고, 아무 느낌도 받지 못했다.

흔들
흔들
흔들
꿀렁
꿀렁
슈우우우웁
슈우웁
덜덜덜
야…
저거
뭐야…?

'내가 꿈을 꾸는 건가?'

야생 동물이 저렇게 천천히, 정교하게 조작해서 지퍼를 열 수 있을 리가 없다. 그러나 텐트 지붕이 열리며 부드러운 빛이 쏟아져 들어온 그 순간,

"호야, 저게 뭐냐?"

잠에서 깬 와니가 멍하니 중얼거렸다. 열린 구멍으로 시커먼 덩어리가 쿨렁쿨렁 비집고 들어왔다. 축축하고 주름진 표면은 오수를 빨아들이는 거대한 하수관처럼 온통 진흙투성이였다. 표면은 뻣뻣한 털로 뒤덮여 있었는데, 갑자기 움푹한 두 구멍이 벌름거리며 벌어지는가 싶더니, 어마어마한 양의 공기를 빨아들였다.

**쉬리리리익, 슈욱, 킁킁킁킁….**

'바깥에 무시무시한 괴물이 와 있어. 그게 뭔지는 전혀 모르겠어.'

호야는 소리를 내지 않고 입술로만 말했다.

미지의 괴물은 빨아들인 공기를 천천히 음미하면서, 텐트 안에 잠들어 있는 것들의 정체를 분석하는 모양이었다.

그때였다. 번쩍, 텐트 창문에 호박색 불이 켜졌다. 자세히 보니 그건 거대한 눈동자였다! 동시에 검은 구렁이는 텐트 안

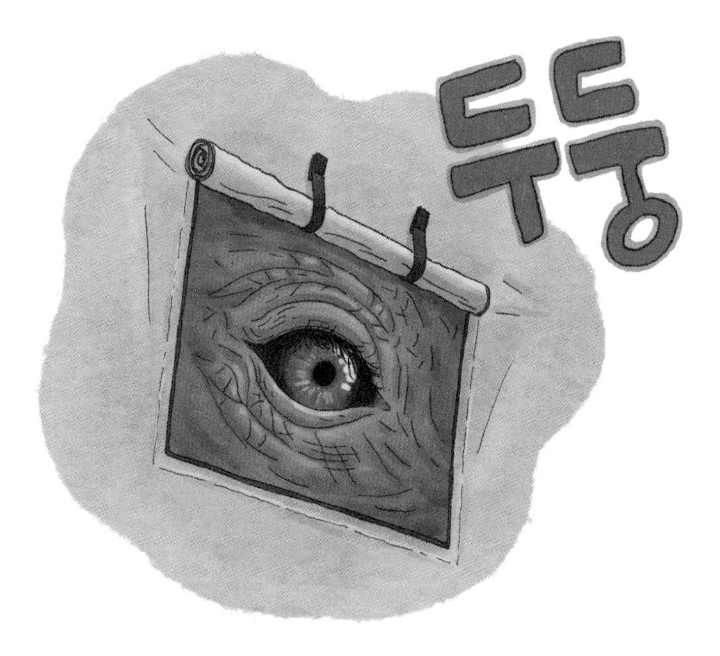


으로 거침없이 밀고 들어오며 귀를 찢을 듯이 어마어마한 소리로 울부짖었다.

뿌우우우앙! 뚜우우우우!

그 소리가 어찌나 대단한지 귀를 때리는 건 물론이고, 피부로도 섬세한 진동이 느껴졌다. 머리털이 쭈뼛 서고, 온몸에 소름이 돋았다. 온몸에 담요를 똘똘 말고 굼벵이처럼 구석에 처박혀 잠자던 개미박사님은 깜짝 놀라 바닥에서 튀어 올랐다. 꼭 프라이팬 속 팝콘 같았다. 이로써 모두 잠에서 깨어났다. 강치와 제비는 잠에 취한 모두를 짓밟으며 정신없이 달리기 시작했고, 까치 핀은 어지럽게 머리 위를 날아다녔다. 구석에서 돌멩이처럼 가만히 숨죽이고 있던 구복이는 강치에게 짓밟혀 데굴데굴 요란하게 바닥을 굴러다니며 맘에도 없는 브레이크 댄스를 췄다.

“ㅋ, 코, 코, 코끼리예요!”

“모두 밖으로 나가. 침착하게.”

개미박사님이 다급하게 소리쳤다. 개미박사님과 아이들은 엉금엉금 텐트 밖으로 기어 나왔다. 반대편 입구에는 촉촉한 아침 이슬을 맞으며 코끼리 한 마리가 풀밭 위에 불편하게 엎드려 있었다. 앞발 한 걸음이면 손쉽게 텐트를 납작하게 밟아 버릴 수 있었을 텐데, 어마어마한 괴력의 코끼리는 조심스럽게 텐트 안을 엿보기만 한 것 같았다. 마침내 제 뜻대로 모두를 깨우는 데 성공한 코끼리는 천천히 일어나 온몸을 털었다.

**부우우우웅, 뚜우우우우~.**

실제로 코끼리와 맞닥뜨리게 되면 압도되어 아무 말도 할 수 없게 된다. 상상했던 것보다 코끼리는 훨씬 더 거대한 무엇이었다.

"우리 반 아이들 모두 태우고도 남겠는데."

"우와, 공룡을 실제로 보면 이런 기분일까."

지구가 얼마나 큰지 그 안에서 살아가는 우리는 상상하기 어렵다. 그 엄청난 크기는 모든 걸 압도하는 힘이 있었다. 코끼리는 동물이 아니라, 자연이나 행성 그 자체처럼 낯설어 보였다.

"코끼리를 만나러 갈 거라고 했는데, 코… 코끼리가 제 발로 찾아왔네요."

"대체 무슨 일일까요? 먹이나 물을 찾는 것 같지는 않은데."

정신을 차린 아라와 미리가 중얼거렸다. 이 코끼리는 우리를 공격하거나 위협하려고 찾아온 게 아니란 걸 느낄 수 있었다.

"젖이 불어 있는 걸 보니 새끼를 낳은 암컷이구나. 새끼는 어디 가고, 혼자 있지?"

개미박사님은 새벽의 방문객을 조심스럽고 꼼꼼하게 살펴보았다.

"코끼리들은 가족 단위로 움직이는데, 왜 혼자 이곳까지 왔을까?"

정신을 차리고 보니, 코끼리의 발은 긁히고 벗겨진 상처투성이였고, 발톱에서 피가 나고 있었다. 무슨 일이 생긴 게 틀림없다.

“녀석은 우리를 해치려거나 호기심에 온 게 아니야. 일부러 찾아온 거야. 일단 따라가 보자꾸나.”

개미박사님이 따라나서자, 코끼리는 앞장서서 거의 뛰다시피 발걸음을 옮겼다.

“다들 타렴. 걸어서는 못 쫓아가. 코끼리가 마음먹으면 얼마나 빠른지 아니?”

개미박사님은 재빨리 풍선거미를 꺼내 준비시켰다.

“게다가 얼마나 조용히 움직이는지. 밤새 보초를 게을리하지 않았네만, 맹세코 난 아무 소리도 듣지 못했어.”

다윈박사님이 변명을 시작했다. 정말이지 밤새 어미 코끼리가 텐트 주위를 서성였는데 다윈박사님의 레이더에도, 강아지

들에게도 걸리지 않았다는 게 신기할 따름이었다. 인간들이 제 뒤를 따라온다는 것을 알자, 기다렸다는 듯 코끼리는 어디론가 전속력으로 달리기 시작했다.

**뚜우우우우, 뿌우우우우웅.**

코끼리를 따라 한참 초원을 달려가자, 언덕 아래 구덩이에서 애타는 울음소리가 들려왔다.

"역시 새끼가 있었어!"

작은 코끼리 하나가 좁고 긴 사각 수로에 갇힌 채 울부짖고 있었다. 새끼가 빠진 곳은 오래전 누군가 만들어 놓은 우물이나 저장고 같았다. 구덩이 주변은 엄마 코끼리가 미친 듯이 긁고 파 놓은 흙무더기로 어지러웠다. 코끼리가 아무리 애를 써도 새끼를 꺼낼 방법은 없었던 것 같았다.

"새끼가 몹시 지쳤나 봐요. 아직 젖도 안 뗀 것 같은데."

진흙투성이 아기 코끼리는 숨을 헐떡거렸다. 시간이 없었다. 엄마 코끼리는 주위를 빙글빙글 돌며 울부짖

었다. 새끼는 벽을 짚고 위태롭게 몸을 일으켜 세웠다. 조금이라도 어미에게 다가가려는 몸짓이었다.

내 아기를 살려 주세요. 구덩이가 아기를 놔주지 않아요. 도와주세요.

"어쩌려는 걸까요?"

갑자기 어미 코끼리는 새끼 앞에 불편하게 몸을 수그리고 무릎을 꿇었다. 마치 구덩이를 몸으로 덮는 모양새였다. 대체 왜 저러는 거지?

"아, 눈물이 날 것 같아요."

아기 코끼리가 미친 듯이 벽을 기어올랐다가 미끄러지길 반복했다. 녀석은 겨우 일어서서 힘겹게 어미의 젖꼭지를 찾아 빨았다. 어미는 그 와중에 배고픈 새끼에게 젖을 먹이는 중이었다.

"어떡해요, 박사님? 우리가 힘을 합쳐서 끌어 올리면 안 돼요?"

"몇 킬로그램이나 될까요? 아직 새끼 같아요."

"나이는 약 한 살 정도. 추정 몸무게 280~300킬로그램."

다윈박사님이 재빨리 아기 코끼리 몸무게를 어림잡아 알려주었다.

"기중기 같은 게 있으면 딱인데. 허리에 줄을 묶을 수도 없고."

"삽으로 올라올 계단을 만들어 주면?"

"차라리 땅굴을 파자고 해."

"시간이 없잖아. 사막 한가운데 그런 도구가 있을 리가."

"사다리나 밧줄 같은 걸 내려 주면?"

"네가 코끼리라면 사다리를 탈 수 있겠냐?"

아이들이 이리저리 머리를 쥐어짰지만, 모두 불가능한 아이디어였다.

그사이 개미박사님은 다윈박사님과 함께 비글호 **잡동사니 비밀 창고**의 홀로그램을 빠른 속도로 뒤졌다. 비밀 창고에는 재단의 괴짜 엔지니어들이 만든 별의별 이상한 시제품과 발명품들이 쌓여 있었다. 상자에는 찾기 쉽게 하려고 그림을 붙여 두었는데, 그림을 보고도 뭐가 뭔지 알 수 없는 건 마찬가지였다.

"찾았다! **딱정벌레**에게 저 파란색 줄무늬 상자를 가져오라고 해 주세요."

얼마 지나지 않아, 하늘에서 붕붕거리는 소리가 들렸다. 거대한 딱정벌레가 날아오는가 했더니, 그건 딱정벌레 모양 드론이었다. 딱정벌레는 개미박사님이 가져다 달라고 명령한 파란 줄무늬 상자를 풀밭 위에 내려놓았다.

상자 안에는 장작 묶음처럼 돌돌 말

린 고무 막대기 비슷한 것들이 들어 있었다. 바람을 채우기 전이라 흐물흐물 가벼웠다. 핀은 호기심이 생겼는지, 딱정벌레를 따라 날아가 버렸다.

"너희들은 어미 코끼리를 잘 지켜보고 있으렴."

아이들이 뭐라 대꾸할 새도 없이 개미박사님은 정체불명의 고무 막대기 묶음을 들고 구덩이로 뛰어내렸다.

"대체 뭘 하시려는 걸까?"

아기 코끼리는 등 뒤에 개미박사님이 있는 줄도 모르고 젖을 먹느라 정신이 팔려 있었다. 개미박사님은 재빨리 구덩이 바닥에 꾸러미를 펼쳤다. 그리고 아기 코끼리가 살짝 움직이는 틈을 타 앞발과 뒷발 사이로 밀어 넣었다.

"좋아. 이제 튜브에 연결해 공기를 주입해 보자!"

그제야 아이들은 개미박사님이 뭘 하려는 건지 이해할 수 있었다.

"가볍고 쉽게 어디서나 사용이 가능한, 제품명은 **공기뗏목.** 엄청난 강도와 탄성, 복원력을 지닌 제품… 으로 공기 주입은 수동과 자동, 모두 가능하다… 는구나."

다윈박사님이 빠르게 제품 소개와 매뉴얼을 읽어 주었다. 그러니까 각각의 막대기 끝에 달린 튜브를 통해 공기를 불어 넣으면, 안이 채워지면서 고무 막대기가 부풀어 오를 것이고, 그 위에 엎드린 아기 코끼리도 덩달아 떠오를 것이다.

"오, 정말 멋진 작전입니다! 생각대로 되기만 한다면요."

"자, 하나씩 맡아라. 시간이 없어. 커다란 풍선을 분다고 생각해."

고무 막대기는 총 다섯 개였는데, 각각의 끝에는 기다란 튜브가 달려 있었다.

# 개미박사님의 아기 코끼리 구조 작전

**1.** 구덩이 속 아기 코끼리 밑으로 공기떼목을 걸쳐 놓는다.

**2.** 공기떼목에 바람을 불어 넣는다.

**3.** 공기떼목이 부풀면서 아기 코끼리가 위로 떠오른다.

**4.** 성공!!

**슉슉슉 피슝슝슝 후후후 파후후후.**

아이들은 나란히 서서 열심히 풍선을 불기 시작했다. 그러나 아무리 불어도 흐물흐물 쭈글쭈글 막대기는 변함이 없었다. 그러다 갑자기 **공기뗏목**이 놀라운 속도로 부풀어 오르기 시작했다.

'이게 무슨 일이야? 이럴 수는 없어!'

아이들은 빨개진 얼굴로 풍선을 불면서 서로 눈알만 굴려 댔다. 얄밉게도 개미박사님만 초강력 공기 펌프를 이용해 바람을 넣고 있었다! 어떻게 이럴 수가 있단 말인가. 이건 너무 불공평한 거 아닌가! 모두 어찌나 세게 풍선을 불어 댔는지 머리가 띵했다. 마침내 아라가 풍선을 불다 말고 눈물을 터뜨렸다.

"푸핫, 너무 힘들어요! 엉엉엉, 왜 우리는 입으로 불어야 하냐고요?"

"공기 펌프가 하나밖에 없어."

**슉슉슉.** 개미박사님이 쉴 새 없이 펌프질을 하며 대답했다. 그 말에 아이들의 인내심은 와르르 무너지기 시작했다. 모든 걸 포기하려던 그 순간,

"얘들아, 아기 코끼리가 떠오른다! 조금만, 조금만 더!"

다윈박사님이 흥분해서 사방팔방 날아다니며 응원했다. 아

무리 애를 써도 나갈 수 없었던 구덩이에서 아기 코끼리가 점점 올라오고 있었다. 불안해하며 아기 근처를 빙글빙글 돌던 어미가 크게 울기 시작했다. 행복과 기쁨에 찬 소리였다.

**뿌아아아아악, 뿌슈우우우웅.**

언제 울음을 터뜨렸나 싶게, 아라의 마음 깊은 곳에서 초인적인 힘이 솟아나는 것을 느꼈다. 머리끝부터 발끝까지, 갑

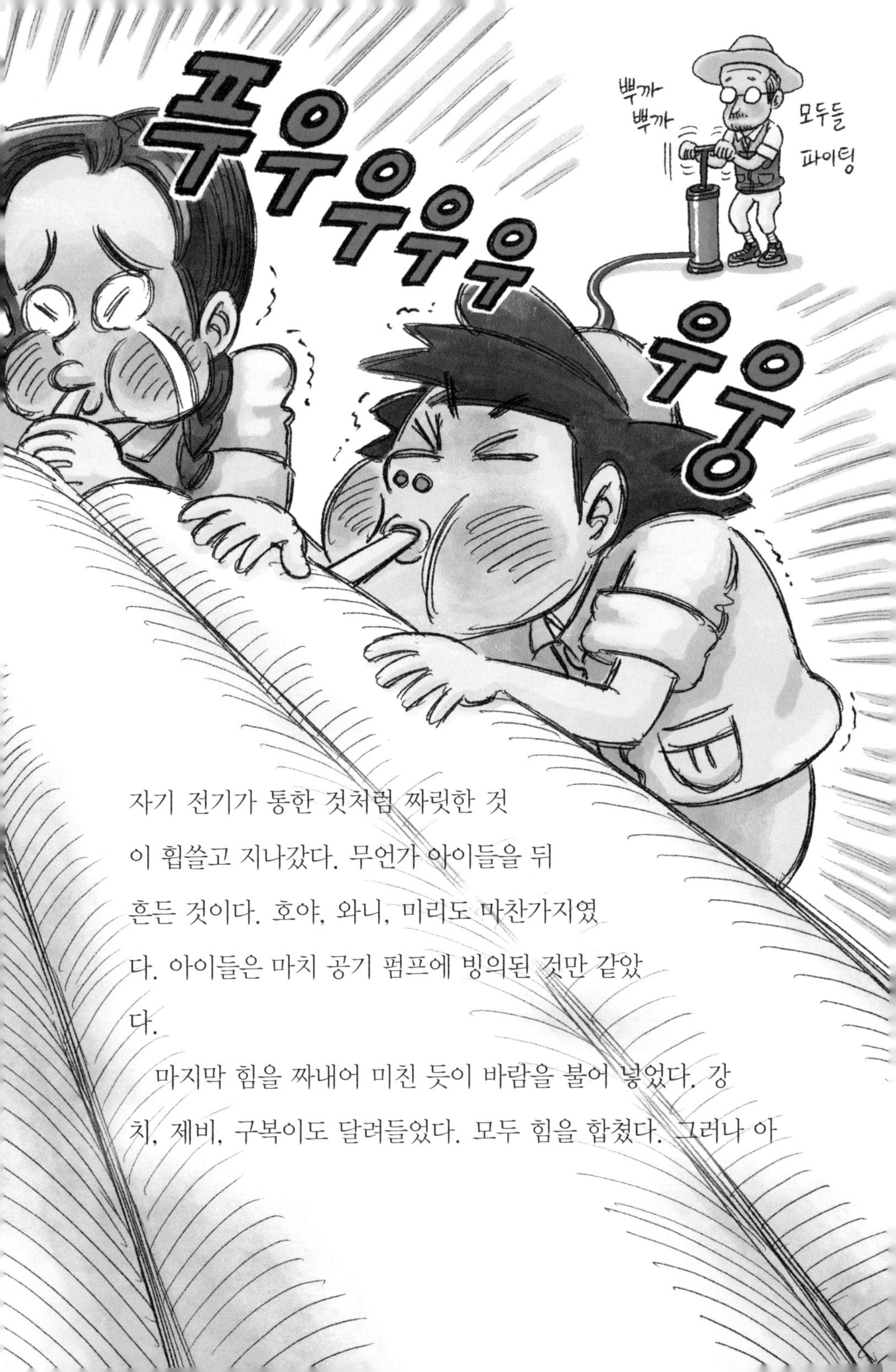


자기 전기가 통한 것처럼 짜릿한 것이 휩쓸고 지나갔다. 무언가 아이들을 뒤흔든 것이다. 호야, 와니, 미리도 마찬가지였다. 아이들은 마치 공기 펌프에 빙의된 것만 같았다.

마지막 힘을 짜내어 미친 듯이 바람을 불어 넣었다. 강치, 제비, 구복이도 달려들었다. 모두 힘을 합쳤다. 그러나 아기 코끼리의 무게를 완전히 들어 올리기에는 마지막 한 모금이 부족했다. 그때였다.

꾸우우우우우우욱.

옆에서 초조하게 지켜보고 있던 어미 코끼리가 나섰다. 어미는 거대한 앞발을 들어 공기뗏목의 한쪽 끝을 꾸욱 눌렀다. 그러자 아기 코끼리가 엎드려 있던 쪽으로 나머지 공기가 모두 몰렸고, 스르르륵, 마침내 아기 코끼리를 태운 공기뗏목이 완전히 솟아올랐다! 아기 코끼리는 마침내 풀밭 위로 부드럽게 미끄러져 내려올 수 있었다.

내 사랑스러운 아기! 드디어 풀려났구나.

엄마와 아기는 코를 맞대고 서로의 얼굴을 어루만졌다. 코를 감고, 풀고, 다시 쓰다듬고, 서로의 입속에 코를 넣었다. 사랑이 가득 담긴 행동이었다. 방금까지 젖을 먹였으면서도, 마치 오래전에 헤어졌다 만나기라도 한 것처럼 엄마와 아기의 인사는 끝이 없었다. 기쁨에 찬 울음소리로 땅이 진동했다. 코끝으로 서로의 몸을 샅샅이 냄새 맡고 두드리고 만졌다. 그렇게 해야만, 서로의 존재가 온전히 안전해졌다는 걸 믿을 수 있다는 듯이 말이다. 긴장이 풀리자, 모두 풀밭 위에 탈진해 쓰러졌다. 개미박사님만 빼고.

...

다윈박사님은 왜?
엉망진창

# 코끼리를 알려 주마

척추동물문 포유강 장비목 코끼리과

뇌 : 무게 5~6킬로그램. 기억력과 학습 능력이 좋다.

코 : 냄새 맡기 외에 물건 들기, 물 빨아들이기, 열매 따기, 인사하기 등 다양한 기능이 있다. 15만 개 근육으로 이루어져 있다.

상아 : 위턱에 나 있는 엄니 한 쌍이다. 일생 동안 자란다. 먹이를 파내거나 싸울 때 사용한다.

이빨 : 코끼리는 어릴 때 3번, 어른이 된 후 3번 총 6번 이를 간다.

귀 : 청각이 예민하여 3킬로미터 떨어진 곳에서 나는 소리도 들을 수 있다.

수명 : 60~70년.
몸무게 : 육상 동물 중 가장 큰 동물로 몸무게는 3~6톤.

무리 생활 : 5~30마리가 암컷 대장을 중심으로 무리 지어 생활한다.

소화기관 : 길이는 약 16미터. 먹는 양의 절반밖에 소화하지 못한다. 하루에 300킬로그램을 먹고 50킬로그램의 똥을 배출한다.

발 : 발바닥에 젤리층이 있어서 몸무게를 분산하고, 거친 자갈 위도 잘 걸을 수 있다. 발로 땅 밑 저주파 소리도 감지한다.

# 3. 진흙 목욕

코끼리는 이 세상에서 가장 신기하게 생긴 동물 중 하나일 것이다. 단순히 코가 길어서라거나 어마어마한 덩치에 멋들어진 엄니를 달고 있어서만은 아니다. 아이들은 이렇게 가까이서 코끼리를 마주할 기회가 없었다. 그러니까 이제까지 아이들 머릿속에서 코끼리란 매머드나 하늘을 나는 용처럼 상상 속 동물이나 마찬가지였다.

“어쩜 코끼리는 모든 것이 다 신기하게 생겼어. 코랑 귀, 상아도.”

“너 꼬리 봤어? 눈썹 좀 봐. 고운 빗자루 같잖아.”

"낮게 그르렁대는 저 소리가 너무 듣기 좋아."

"너는 누구니? 이 외딴 사막에서 어떻게 우리 텐트를 찾아온 거야?"

개미박사님이 코끼리와 대화를 시작했다. 엄마 코끼리 이름은 '아이샤'였고, 한 살쯤 된 딸은 '아요'라고 했다. 아요는 아이샤가 처음 낳은 딸이었다. 그러니까 아이샤는 모든 게 서툴 수밖에 없었다.

어머니는 늘 인간들을 조심하라고 말했지. '인간들은 작은 콩알 하나로도 코끼리를 쓰러뜨린다. 그들을 믿지 마. 그들과는 마주치지 않는 것이 상책이다'라고.

아이샤는 느릿느릿 이야기를 이어 갔다. '작은 콩알'이라니, 문득 총을 든 인간의 모습이 떠올랐다. 코끼리는 시인처럼 말하기 때문에 한참 생각해야 이해될 때가 있다.

"그런데도 우리를 찾아올 생각을 했단 말이니?"

미리가 되물었다. 코끼리 가족이 물과 먹이를 찾아 이동하는 거리가 길어질수록, 새벽과 밤에도 이동하는 날이 늘어났다. 아기 코끼리에게는 고된 길이었다. 잠에 취한 아요가 발을 헛디뎌 구덩이에 빠진 것도 그래서였다.

어머니는 그 말끝에 덧붙였어. '세상에는 두 종류의 인간이 있다. 코끼리를 해치는 인간, 코끼리를 살리는 인간. 코끼리들은 절대 할 수 없는 걸 그들은 해낸다. 그러니 언제나 네 결정에 달렸어. 마음의 눈을 뜨고 올바른 선택을 해야 해'라고 말이야.

갑자기 아이샤는 긴 코를 들어 천천히 탐색하듯이 허공에 휘젓고는 개미박사님과 아이들의 냄새를 빨아들였다. 코끼리는 눈이 아니라 코로 보고 느끼고 판단하는 것 같았다.

봐, 나는 제대로 찾아왔어. 너희는 '코끼리를 살리는 인간들'이 맞잖아. 고맙다.

"나머지 가족은 어디 있어?"

아이샤는 아요가 젖 먹는 걸 멈추자 그제야 풀을 뜯어 먹었다. 이야기 중에도 쉴 새 없이, 엄니로 나무껍질을 벗겨 내거나, 땅을 파헤쳐 나무뿌리를 찾았다.

그들은 떠났어. 대가족이 한꺼번에 목을 축이고 풀을 뜯을 곳을 찾으려면 잠시도 지체할 수 없거든. 아요를 구하려다 모두 죽을 판이었어. 대장 할머니는 떠나야 한다고 결정을 내렸고, 나와 아요만 남았어. 나는 할머니 결정을 이해해.

"가족들한테 무슨 일이 있었니?"

오랫동안 비가 오지 않았고, 어른들은 계속 다투고, 얼마 전에도 어린 코끼리 둘을 잃었어. 먹을 건 부족한데, 더 멀리 이동해야 하니 아기 코끼리들이 버티지 못한 거야. 지난해 갑작스럽게 할머니가 쓰러진 후로 우리 가족은 엉망이 됐어.

아이샤는 대부분의 이야기를 낮은 진동을 이용해 속삭이듯 말했다. 코의 끝에 가만히 머리를 대고 있으면, 엄마 코끼리의 이야기를 더욱 또렷하게 들을 수 있었다. 가만히 있어도 생각이 마음으로 전해지는 건 돌고래와 비슷했다. 서로 다른 종이 이렇게 말이 통하는 게 신기하기만 했다.

"할머니 코끼리가 누군데? 쓰러졌다니? 왜?"

무왕가 할머니. 할머니는 지혜로운 길잡이였어. 모두 할머니를 존경했어. 할머니는 사막 어디서든 물을 찾아냈고 한 번 간 길은 절대 잊지 않았지. 그런데 마지막 오아시스를 찾고는 갑자기 쓰러져 그대로 돌아가셨어. 아직도 그 이유를 몰라.

아이샤가 열심히 배를 채우는 동안, 아요는 엄마의 네발 사이에서 그대로 쓰러져 잠들었다. 아이샤는 태양을 가려서 아요에게 그늘을 만들어 주었다.

"아기 코끼리는 금방 지치니까 자주 쉬어야 된대."

"이게 배냇머리래. 너무 사랑스러워."

호야와 미리는 아요에게 홀딱 빠져 버렸다. 아요의 이마는 부드러운 털로 덮여 있었다. 아요는 작은 송아지, 아니 큰 양치기 개 같았다.

그때였다. 느릿느릿 잎사귀를 씹던 아이샤가 갑자기 모든 걸 멈춘 채 두 귀를 바싹 세웠다.

"우와, 이제 보니까 귀가 아프리카 지도 모양이네."

상상하던 것보다 코끼리 귀는 정말이지 거대했다. 평소에는 양옆에 바싹 붙이고 있던 두 귀가 마치 돛을 펼친 것처럼 펄럭거렸다.

"무슨 전파 망원경 같다."

아이샤는 마치 땅의 소리를 채집하는 것처럼 두 귀를 활짝 펼쳤다.

멀리 자매들이 날 부르는 소리가 들려. 그들은 나와 아요가 살아 있다는 걸 알아.

"아무 소리도 안 들려요. 아이샤는 멀리 떨어진 가족과도 대화할 수 있나 봐요."

미리는 돌고래 제돌이와 만난 뒤로 동물들의 대화 방식에 부쩍 관심이 많았다. 언젠가 동물들의 마음을 헤아려 마음껏 이야기를 나눌 수 있게 되면 좋겠다고 생각했다.

"코끼리의 낮은 목소리를 듣는 방법이 있지."

개미박사님은 아이들에게 작은 조약돌 모양의 **코끼리 짝짝이**를 나눠 주었다. 귀에 꽂자, 짝짝이를 통해 코끼리들이 교환하는 초저주파 소리를 들을 수 있었다.

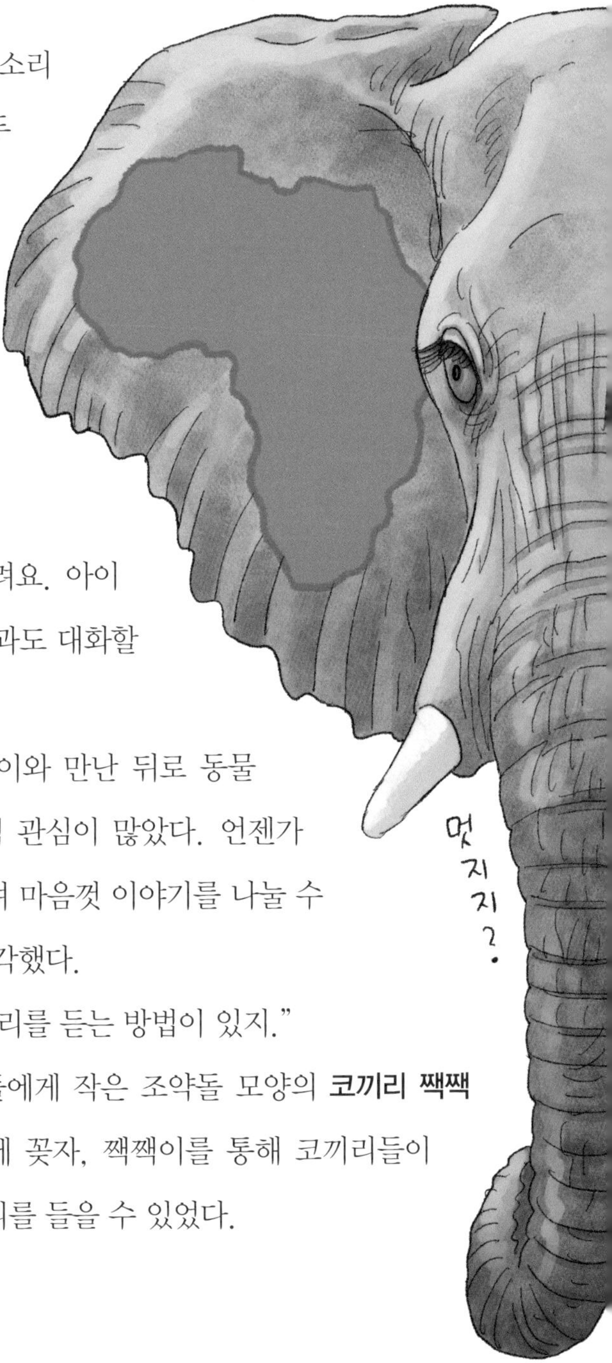

"코끼리는 사람이 들을 수 있는 것보다 훨씬 낮은 목소리로 아주 멀리 떨어져서도 대화할 수 있단다. 이건 코끼리들의 장거리 통화 같은 거야. 코끼리들이 초저주파를 사용해 나누는 대화는 **코끼리 짹짹이**를 통해 엿들을 수 있지."

분명 아이샤는 가만히 서 있는 것 같은데, 조용히 모래와 흙, 풀들을 진동시키며 말하고 있었다. 아이샤가 자매들에게 전하

는 목소리가 짹짹이를 통해 피부로, 온몸으로 느껴졌다.

"이상해요. 아이샤가 하는 말이 그냥 몸으로 전달되는 기분이 들어요. 소리가 아니라 느낌이요. 떨리는 감각이요."

"맞아, 물을 잠갔다가 다시 틀 때처럼. 커다란 파이프가 땅속 깊은 곳에서 웡웡대며 떨리는 느낌이 들어."

미리와 호야는 두 팔을 벌리고 아이샤의 다리에 파리처럼 찰싹 붙었다. 아이샤의 몸 전체에서 신기한 떨림이 느껴졌다.

먹이를 먹고 기운을 차리자, 아이샤는 부드럽게 아요를 깨워 일으켰다. 서둘러 자매들과 합류하기 위해서였다.

태양이 타오르기 전에 어서 숲 그늘을 찾아야 해.

아요가 빠졌던 웅덩이 근처에 지하수가 남아 있었다. 아이샤는 천천히 코를 휘저어 진흙 덩이를 퍼 올리더니 갑자기 퍽! 아요에게 뿌렸다. 아요는 몸을 부르르 떨며 즐거워했다.

"아이샤가 여행 준비를 꼼꼼히 하는구나. 더위에는 진흙 목욕이 최고지."

다윈박사님이 신나서 설명해 주었다. 한낮의 사막을 걸어가려면 무엇보다 햇빛을 차단하는 것이 중요했다. 귀를 펄럭이는 것만으로는 체온을 떨어뜨리기 어려웠다.

꾸물대지 말고, 얼른 와서 진흙을 발라.

**아이샤:** 아요는 굶어
죽지 않았어.
하이에나 밥이 되지도 않았어.
사막 모래가 삼키지도 않았어.

아요는 지금 엄마
그늘에서 평화롭게
잠잔다.

아이샤와 아요는
사막의 흔적을 따라갈게.
자매들아, 이백 걸음에 한 번씩
목소리를 남겨 줘.
아이샤와 아요가 따라갈게.

**자매들:** 아이샤, 우리는
널 버리지 않았어.
아요를 데리고 우리를
따라와.

나무와 풀과 모래에
만나는 네발짐승과 날개 달린
새들에게 우리 흔적을 남길게.

보름달이 뜨기 전에 너와 코를
맞대고 인사할 수 있길 바라.
반갑게 너의 살갗을 비비고 나란히
보폭을 맞춰 걸을 수 있길 바라.

아이샤는 진흙을 제대로 바르라며 자꾸 달아나려는 아요를 야단쳤다. 진흙을 묻히라며 혼내다니, 인간과는 정반대였다! 장난꾸러기 아요는 요리조리 엄마의 진흙을 피해 다니며 놀기 바빴다. 그러다가 제 코를 밟고 꽈당! 미끄러졌다. 아요는 아직 제 코를 다루는 게 익숙하지 않은 것 같았다. 어느 날 태어나고 보니, 코가 기다랗게 늘어져 있는 코끼리였다면, 누구라도 당황할 것이다.

"으하하, 아요는 코를 어찌할 줄 모르네."

"하하하, 아요! 너 커서 훌륭한 코끼리가 될 수 있겠니?"

와니와 호야가 배꼽을 잡고 웃자, 아요는 아이들을 쫓아다니며 이리저리 들이받았다. 그러다가 또 코를 밟고 미끄러지고,

다시 씩씩대며 일어섰다. 정말 귀여웠다.

희미하게 자매들의 냄새가 나. 저기 아카시아 나무 숲이야.

아이샤는 코를 들어 공기의 냄새를 맡았다. 그러고는 성큼성큼 걷기 시작했다. 꼬마 아요는 엄마를 놓칠까 무서워 작은 코로 엄마의 꼬리를 휘감고 열심히 따라갔다. 꼬맹이 아요의 모든 행동은 참을 수 없이 귀여웠다.

"코끼리는 엄청나게 무거우니까 쿵쿵 발소리를 내며 걸을 줄 알았어요."

"내가 경계 신호를 울리지 못한 이유를 이제 알겠지?"

와니가 신기하다는 듯 말하자, 다윈박사님이 덧붙였다.

"코끼리들은 깨어 있는 시간 내내 먹어야 되나 봐요."

아이샤는 놀라울 정도로 가볍고 우아하게 움직였다. 코끼리의

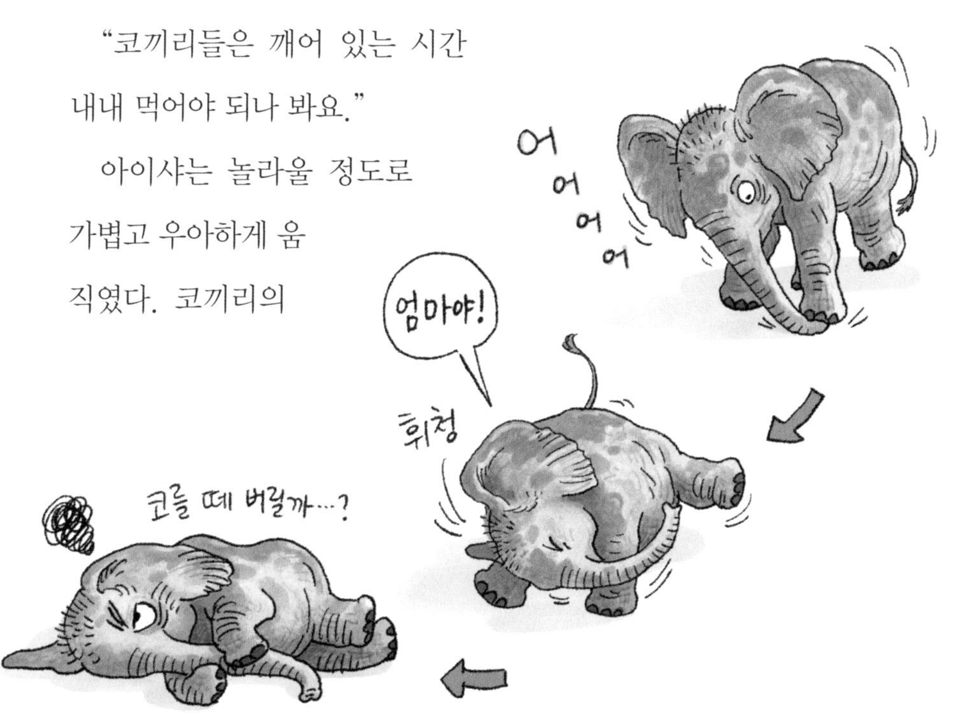

존재감이란 마치 사막 위에 떠다니는 거대한 배 같았고, 그 배를 움직이기 위해서는 끝없이 연료를 넣어 줘야 했다.

"앗, 이게 뭐예요? 풍선거미가 진흙을 뒤집어썼어요."

"설마 우리가 청소해야 하는 건 아니겠지?"

아요를 목욕시키면서 아이샤가 풍선거미에도 진흙을 발라 준 것이었다. 아이샤 눈에는 풍선거미도 제가 돌봐야 할 코끼리 비슷한 그 무엇이었다.

"생각해 보니, 사막을 이동하며 주기적으로 물을 뿌려 식혀 주는 것보다 코끼리식 방법도 괜찮을 것 같아. 진흙으로 차단막을 만드는 거지."

다행히도 개미박사님은 풍선거미를 닦을 생각이 없는 것 같았다.

"자, 우리도 출발한다! 아이샤를 놓치지 않으려면 서둘러."

개미박사님과 아이들은 진흙을 바른 풍선거미에 탑승했다. 사막의 지평선에 앉아 먹잇감을 찾는 하이에나에게는 아이샤와 아요 옆에 나란히 걸어가는 풍선거미도 좀 별나게 생긴 코끼리 친구처럼 보일 것이다.

멀리 모래 언덕에 엄청나게 거대한, 특이한 모양의 나무 한 그루가 보였다. 꼭 나무를 뒤집어서 거꾸로 심어 놓은 것 같았다.

"다윈박사님, 저게 무슨 나무예요? 어디서 많이 봤는데."

"바오밥 나무. 아프리카를 상징하는 아주 특별한 나무란다. 앙상한 가지만 보면 죽은 나무 같지만, 비가 내리고 나면 싱싱한 어린싹이 돋아나지. 수많은 동물이 바오밥 나무에 기대어 살아간단다. 인간도 마찬가지야."

저건 코끼리들의 나무야. 오랫동안 비가 오지 않아도 껍질과 잎사귀 속에 시원한 물을 머금고 있어. 생명의 나무는 '가장 큰

잘도 먹네.
많이 먹고 힘내자.
킁킁

진짜
이상하게
생긴
나무야.
쇠똥구리가
아주
많구나.

것'부터 '가장 작은 것'에게까지, 모든 걸 아낌없이 나눠 줘. 자매들은 저길 거쳐 갔을 거야.

"퀴즈! 아이샤가 말한 '가장 큰 것'과 '가장 작은 것'은 뭐 같니?"

"코끼리요! 가장 작은 건… 아마도 개미?"

바오밥 나무가 점점 가까워지자, 아이샤는 내달렸다. 바오밥나무 아래 풀과 씨앗이 섞인 진흙 무더기가 여기저기 흩어져 있었다. 멀리서부터 먹구름이 빠른 속도로 움직였다. 검은 구름은 마치 살아 있는 것처럼 어지러운 곡선을 그리며 날아들고 있었다.

"오, 곧 비가 올 건가, 구름이 엄청 빨리 움직여!"

흙더미를 뒤져 통통한 애벌레와 벌레를 골라 먹던 개코원숭이들이 놀라 달아났다. 아이샤는 기다란 코를 진흙 덩이에 푹 꽂고는 냄새를 맡았다. 입에 넣어 맛을 보곤 몸을 떨며 외쳤다.

그들이 하루 전에 이곳을 지나갔어. 자매들이 코끼리들의 나무에 흔적을 남겼어. 이건 내 자매들이 흘린 것이야. 바람이 우리를 제대로 안내했어!

아요도 진흙 덩이에 코를 박고, 웅덩이를 뒤뚱뒤뚱 뛰어다니며 엄마를 흉내 냈다. 아이샤는 엄니를 사용해 나무껍질을 벗겨 냈다. 나무 안에 달콤한 물이 목을 축일 만큼 남아 있었다. 그리고 아이샤는 잎사귀와 껍질을 천천히 씹어 먹기 시작했다.

자매들이 잎사귀와 껍질을 남겨 두고 갔어. 나도 욕심내지 말아야 해. 자연의 몫만큼 남겨 두어야 생명의 나무가 다음 여행길에서도 우리에게 축복을 내려 줄 수 있으니까.

그때 빗방울이 아이들 머리 위로 타다다닥 소리를 내며 쏟아져 내리기 시작했다. 빗줄기는 작은 조약돌처럼 온몸을 때려 댔다.

"개미박사님, 여기 진흙 속에 흰개미들이 엄청 많아요."

호야와 와니는 손가락으로 흙덩이를 뒤지며 흥분했다.

"흰개미들은 지금 생태계를 위해 열일 중이야."

아이들은 서로의 코와 뺨에 진흙을 마구 묻히며 깔깔댔다.

"우히히히! 아프리카식 눈싸움이다!"

"내가 만든 슈퍼 머드볼이다! 맛 좀 봐라!"

"스트-으라이크!"

아이들은 아이샤와 아요처럼 진흙을 갖고 놀며 코끼리 흉내를 내다가, 문득 진흙 덩이가 예사롭지 않다는 것을 느꼈다. 자세히 보니 하늘에서 쏟아져 내린 건 빗줄기가 아니었다. 헤아릴 수 없이 많은 쇠똥구리들이었다!

“하늘에서 내린 게 비가 아니라, 쇠똥구리라고?”

“쇠똥구리가 여길 왜?”

“자원 재활용이랄까?”

“박사님, 자원 재활용이라뇨? 이게 뭔데요? 여기 쇠똥구리가 왜 있죠?”

개미박사님은 비글호의 똥 변환기를 떠올리며 무척 아쉽다는 듯이 대답했다.

“응. 코끼리 똥.”

또옹!
와아아
우와아
와아
똥!
와아
와아아
와
와아
똥이다!
똥!
우와아
와아아
똥!
똥!
똥!
똥!
까아아
끼야아
와아
까아
오소소소
으웩
우웨에엑
또 똥이야!!

# 4. 한밤의 소동

진흙은 코끼리들 똥이고, 웅덩이에 고인 물은 코끼리들 오줌이었다는 건 믿고 싶지 않았지만, 사실이었다.

"오줌이 웅덩이가 되고, 똥이 산더미처럼 쌓이다니."

"쇠똥구리 비는 또 어떻고!"

아이샤는 가족들이 남긴 흔적을 보고 감격했다. 아이샤의 꼬리가 살짝 흔들리는가 싶더니, 똥구멍에서 어마어마한 양의 똥이 쏟아졌다. 코끼리 똥에는 나뭇가지와 풀, 소화되지 않은 씨앗들이 그대로 들어 있었다. 눈치를 보던 개코원숭이들이 다시 슬금슬금 다가와 애벌레를 주

워 먹기 시작했다. 아이샤는 부르르 몸을 떨더니 상관하지 않고, 긴 엄니를 이용해 땅을 파기 시작했다. 어마어마한 엄니로 큰 힘을 들이지 않고 땅을 파냈다. 금세 아요 키만 한 구덩이가 생겼다.

이 아래로 물길이 지나가. 여기 물이 고여 있어. 난 알아.

아이샤의 단단한 엄니에 흙이 묻었다. 그렇게 모래가 진흙으로 변하더니,

"와, 아이샤 말처럼 정말 바닥에서 물이 스며 나온다!"

아이샤가 파낸 구덩이는 작은 웅덩이가 되었다. 온통 흙탕물 투성이였지만, 아이샤는 상관하지 않고 코로 물을 빨아들였다.

내가 마신 물이 아요의 젖이 돼. 사막을 건너려면, 언제나 물을 찾을 줄 알아야 해.

"코끼리들은 하루에 얼마나 걸을까요?"

"20킬로미터쯤? 건기가 길어질수록 물을 구하기 어려워지기 때문에 이동하는 거리도 점점 늘어나. 한낮을 피해 새벽이나 밤에 이동하는 수밖에."

호야가 묻자 다윈박사님이 대답했다.

"아이샤, 바람이 자매들 냄새를 날려 버려도 길을 찾을 수 있겠니?"

개미박사님이 아이샤에게 물었다. 사막은 사방으로 텅 비어 있기만 했다. 오랫동안 비가 내리지 않았기 때문에 보이는 것이라고는 온통 먼지와 모래, 돌조각과 바위뿐이었다. 초록이라고는 말라 죽은 것처럼 보이는 아카시아 나무와 낮은 관목들 그리고 덤불이 전부였다.

"사막에 표지판도 하나 없고, 방향을 알려 줄 만한 게 하나도 없잖아."

자매들이 남긴 흔적을 좇아가면 돼. 냄새를 잃어버리면 멀리까지 들리도록 그들을 부르면 돼. 낮은 목소리로. 별이 뜨면 자매들의 목소리가 더 잘 들리거든.

아이샤는 아요에게 젖을 먹이고 있었다. 엄마든 아기든, 코끼리는 깨어 있는 시간 내내 먹이를 먹고, 물을 찾아다녔다.

"커다란 몸으로 사는 것도 고달프겠다. 고래도, 코끼리도,

바오밥 나무도.”

거인은 여행자의 운명을 받아들여야만 해.

코끼리들이 한곳에 너무 오래 머무르면, 거기엔 풀 한 포기 안 남거든.

“코끼리들은 이 넓은 사막에서 길을 어떻게 찾니? 코끼리만의 지도라도 있어?”

코끼리들의 길. 기억에서 기억으로 이어진 길. 할머니가 엄마에게, 엄마가 딸에게 전해 주는 길. 우리 코끼리들은 모두 연결되어 있거든.

모든 강은 바다로 흐른다. 하지만, 칼라하리 사막을 지나는 강줄기는 뜨거운 여름의 태양에 모두 증발해 버린다. 그래서 바다로 향하던 강물은 사막을 지나면서 거대한 물웅덩이가 된다. 그게 **오카방고** 습지다. 건기가 끝나고 비가 내릴 무렵, 코끼리들은 모두 약속이나 한 듯이 오카방고에 모여든다.

물길을 따라가. 코끼리는 오아시스에서 오아시스로 이동하는 셈이지. 우두머리 코끼리는 가족을 오아시스로 인도할 수 있어야 해. 사막 어디서든 물을 찾을 수 있어야 해. 우리 코끼리들은 결국 오카방고에서 모두 만날 거야.

물을 마시고, 휴식을 취한 뒤 다시 길을 나섰다. 뒤돌아보니, 멀리 아이샤가 파 놓은 물웅덩이를 차지한 혹멧돼지 떼가 보였다. 녀석들은 코끼리가 판 우물 덕에 모처럼 목을 채우는 중이었다. 개코원숭이들도 가세해 웅덩이의 고인 물을 마시기 바빴다.

"아이샤, 네 덕분에 다른 친구들도 물을 먹게 됐어."

사막에 나무들이 보여? 휘어지고 갈라지고 비틀렸지. 이렇게 척박한 땅에서도 나무들은 살아 있어. 사막의 나무들은 아주 깊이 뿌리를 내려 물을 찾지. 나무 밑에는 물이 있어. 나무들의 길을 연결하면 물길의 방향을 알 수 있게 돼. 나무가 물이야.

아이샤는 낮게 웅얼거리며 이야기를 들려주었다.

"무슨 말인지 모르겠어. 그냥 코끼리들 코가 기니까 물 냄새를 맡은 거 아냐?"

와니는 언제나 제 편할 대로 해석하고는 뿌듯해했다.

그때 갑자기 어떤 깨달음이 미리의 온몸을 스치고 지나갔다. 코끼리가 무언가를 자각할 때처럼 미리에게도 어떤 이미지가 퍼뜩 떠오른 것이었다.

"아, 그래서 사막의 나무를 보라는 거구나! 나무가 깊숙하게 뿌리 내린 곳에는 물이 있다는 뜻이고, 각각의 나무들 위치를 하나의 선으로 연결하면….”

“그게 물줄기가 된다는 소리구나!”

메시지는 어디에나 있어. 그걸 읽어 내지 못하면 사막에서 살아남을 수 없어. 엄마는 아기에게 사막을 읽는 법을 가르쳐야만 해.

“오! 되게 과학적인데? 물을 좋아하는 식물들의 배열로 땅속 지형을 간파하다니. 갑자기 나무와 풀들의 위치가 예사롭지 않아 보여.”

“호야, 너 지금 되게 코끼리처럼 말했어.”

물길을 따라서 가야 해. 물길은 오카방고로 향한다. 내가 아요만 했을 때, 이쯤에서 강을 건넌 적이 있어.

그때 물에 빠져 죽을 뻔했지. 엄마와 이모들이 날 꺼내 줬어.

아이샤와 풍선거미 일행은 황량하고 좁은 길을 따라 걷고 있었다. 양쪽으로 낮은 둔덕이 길게 이어지는 곳이었다. 가운데가 움푹 꺼진 지형 덕에 조금은 그늘이 있었고, 덕분에 열기도 피할 수 있었다.

우린 마른 강바닥을 걸어가고 있어.

“길이 아니라, 강바닥이라고?”

“그렇군. 지도에 의하면 여기 강이 흘러야 하는데.”

다윈박사님이 지도를 띄워서 보며 덧붙였다.

“칼라하리 사막에서는 작은 강이 나타났다가 사라지는 일이 흔해.”

밤이 되자 풍선거미의 다리 여덟 개가 빠르게 회전하는가 싶더니, 그 자리에 커다란 구멍을 만들었다. 그러고는 굴을 파서 땅속에 몸을 반쯤 숨겼다.

"아! 풍선거미가 이동식 텐트로 변했어요."

"저 안에서 밤을 보내면 되겠어요, 조금 좁겠지만."

풍선거미는 마치 열기를 피해 몸을 숨긴 진짜 사막의 벌레 같았다! 젖을 다 먹은 아요는 피곤한지 엄마 배 아래에 벌렁 누웠다.

거대한 네 개의 기둥은 바오밥 나무를 닮았어요.

앞에는 큰 뱀이, 뒤에는 작은 뱀이 흔들흔들,

머리 위 하늘에는 달콤한 것이 흐르는 두 개의 샘이 있어요.

아요는 노래를 부른 후 웅크리고 쓰러져 잠이 들었다.

"아요의 노래는 수수께끼구나. '기둥 네 개'가 뭔지 알겠니?"

"힌트는 '달콤한 것이 나오는 샘'이야!"

개미박사님이 웃으며 물었다. 다윈박사님도 팔랑팔랑 주위를 날아다녔다.

"달콤한 젖이라면, 젖꼭지? 엄마의 젖꼭지 두 개네요!"

"그럼 기둥 네 개는 뭐야?"

아이들은 머릿속으로 젖꼭지 두 개와 하늘, 네 개의 기둥을 그려 보았다.

"아요가 보는 세상… 아! 기둥 네 개는 다리 네 개!"

"큰 뱀, 작은 뱀은?"

"앞에 큰 뱀… 아, 코끼리 코!"

"그럼 작은 뱀은 뭐지? 아! 코끼리 꼬리!"

아이들은 서로 문제를 내기도 하고 맞추기도 하며 놀았다. 아요가 가르쳐 준 그 놀이 이름은 **코끼리 수수께끼**. 알쏭달쏭한 어려운 문제를 낸다. 대신 대답은 언제나 코끼리였다. 문제 만들기는 제일 어렵고, 문제 풀기가 제일 쉬운, 이상한 수수께끼 놀이였지만, 정말 재미있었다.

"코끼리처럼 보는 법을 배운 것 같아."

"이젠 사막이 다르게 보여."

개미박사님은 풍선거미 텐트를 아이들에게 양보하고 야외 취침을 선택했다. 오렌지색 침낭에 꼬깃꼬깃 몸을 집어넣고 괴상하게 구부린 자세로 잠을 자는 모습이 꼭 잘 익은 새우처럼 보였다.

"그런데 아이샤는 잠을 안 자? 혹시 하이에나나 사냥꾼이 올까 봐?"

아라가 조그맣게 속삭였다. 아이샤는 그대로 우뚝 서 있었다. 사막 한가운데 세워진 외로운 거인 석상처럼 보였다. 아이샤는 낮게 그르렁거렸다. 아이샤의 배 밑에서 편안하게 잠든 아요를 보며 아이들은 잠에 빠졌다. 그렇게 잠깐 눈을 감았다 떴나 싶었는데…, 맙소사! 세상이 온통 흔들리는 느낌에 아이들은 잠에서 깼다.

"벌써 출발하는 거예요? 아니, 이게 무슨…!"

아이들은 풍선거미가 정글을 헤집고 다니는 꿈을 꾸는 줄로만 알았다. 풍선거미가 이리저리 흔들리고 뒤집히는가 싶더니, 유리창에 척! 아이샤의 커다란 눈동자가 비쳤다. 두려움과 흥분에 찬 눈동자는 활활 타오르는 것 같았다.

가야 돼, 바로 지금, 당장.

아이샤는 잠에 취해 비틀거리는 아요를 다리 사이에 보호한 채, 코로 땅에 묻힌 풍선거미를 거칠게 뒤흔들고 있었다. 풍선거미의 전원이 작동되기까지는 약간의 시간이 필요했다.

"꺄악, 대체 무슨 일이야? 왜 그러는 거야?"

지금 무슨 일이 벌어졌어. 땅속 깊이 어딘가에서 강하고 격렬한 고함이 들려. 이제 곧 주변이 물에 잠길 거야.

아이샤가 도와줘도 풍선거미가 제대로 작동하지 못하자 아이샤는 하는 수 없이 앞발과 엄니를 사용해 거침없이 땅을 파내기 시작했다. 아이샤는 코를 휘둘러 풍선거미를 통째로 휘감아 계곡 위로 올렸다.

"으아아아아아악~!"

앞발과 코를 사용해 풍선거미를 엄니에 간신히 걸치는가 싶더니, 아이샤는 뛰다시피 능선 위로 올라갔다. 아요도 엄마를 따라 뛰었다.

사막은 변덕스러워. 무슨 일이 일어날지 몰라. 절대 깊이 잠들면 안 돼.

"삐뽀, 드르르륵, 현재 위치로부터 16킬로미터 떨어진 지점에서 지진 발생, 지진 발생 깊이는 약 100킬로미터…."

다윈박사님이 빠르게 정보를 알려 주었다.

“100킬로미터? 코끼리들은 그렇게 깊은 곳의 지진도 알아차릴 수 있어?”

“난 너무 피곤해서 아무것도 못 느꼈어.”

다윈박사님의 경보를 듣고 나니 땅이 흔들린 것도 같았다.

“어쩐지 기분 나쁘게 몸이 떨리는 것 같아. 오싹하다.”

“땅이 갈라지거나 바위가 굴러다니지도 않았어.”

너무 오랫동안 비가 오지 않으면, 이렇게 땅이 흔들릴 때가 있어. 하늘에서 비가 내리는 대신, 땅에서 물이 솟아나는 거야. 이곳은 곧 물로 가득 찰 거야.

“여기가 강으로 변한다고? 앗, 개미박사님이!”

생각해 보니 개미박사님이 아직 계곡 아래 남아 있었다. 그 순간 아이들은 사방에서 밀려드는 물소리와 땅의 진동 소리를 들었다. 협곡에 빠르게 물이 차오르고 있었다.

**슈르르르르릉, 쿠우우웅우웅, 쉬르르르르르릉.**

아무리 흔들어도 절대 잠을 깨는 법이 없는 개미박사님, 어쩜 좋아!

“순식간에 물이 불어나요!”

아이샤는 망설임 없이 다시 아래로 뛰어 내려가기 시작했다. 얼마나 서둘렀는지, 아이샤가 내려간 곳에 깊은 도랑이 파일 정도였다.

**쏴아아아아아 슈르르르르륵.**

아이샤가 마침내 개미박사님 앞에 도착했을 때, 땅에서 솟아 나온 거대한 물결이 빠르게 개미박사님 쪽으로 다가오고 있었다. 아이샤는 재빨리 개미박사님을 코로 휘감고 강둑으로 기어오르려고 했다. 그러나 불어난 물은 순식간에 계곡에 차올랐다.

"아이샤의 무릎, 아니 배까지 물에 잠겼어!"

검은 물은 온 계곡을 휩쓸며 무서운 속도로 밀려왔다. 이내 아이샤의 몸이 다 잠기는가 싶더니 둥둥 떠올랐다. 아요의 울

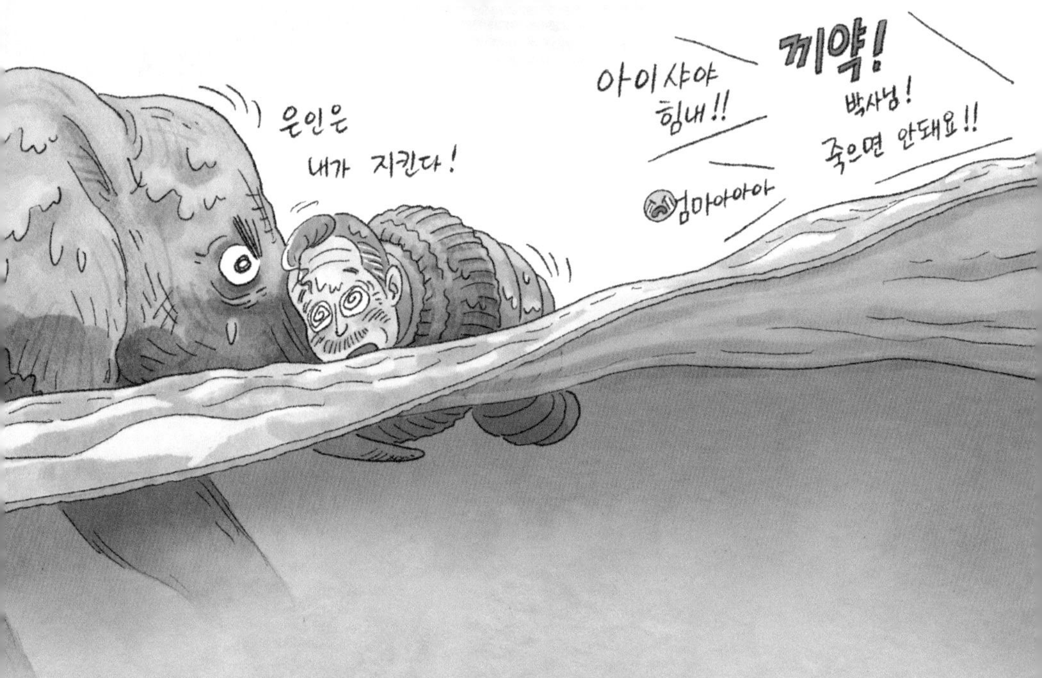


부짖음이 계곡에 울려 퍼졌다.

“계곡이 완전히 물에 잠겼어. 세상에, 사막에 갑자기 강이 생기다니.”

아이들은 아직도 얼이 빠진 채였다. 개미박사님은 아이샤의 머리통을 붙들고 매달려 있었다. 아이샤는 물 밖으로 내민 코로 숨을 쉬며 능숙하게 수영을 했다.

“이번에는 코… 코끼리가 나를 구해 줬구나. 에취!”

물에 홀딱 젖은 개미박사님은 바다 새우 같았다.

# 5. 코끼리는 절대 잊지 않는다

아요는 백 년 만에 만나는 것처럼 엄마 아이샤의 다리에 몸을 비비며 반가워했다. 아이샤는 거친 숨을 내쉬며 개미박사님과 아이들을 내려다보았다.

"갑자기 사막 한가운데 강이 생기다니 믿을 수 없어요."

"자다가 영문도 모르고 쿨렁쿨렁 물결에 휩쓸려 떠내려갈 뻔했어."

강을 건너느라 흠뻑 젖은 코끼리 피부는 더 짙게 빛났다.

"아이샤, 우리를 구해 줘서 진심으로 고마워."

개미박사님이 두 팔을 벌리자, 아이샤는 부드럽게 코를 내밀고 그대로 절을 하듯 고개를 숙였다. 개미박사님의 얼굴과 아이샤의 콧등이 맞닿았다.

코끼리는 절대 잊지 않는다. 코끼리를 구해 준 사람도, 코끼리를 해치는 사람도.

너희가 아요를 구해 줬잖아.

갑작스러운 지진으로 사막 한가운데 강이 흐르자, 사방에서 동물들이 물을 마시러 나타났다. 이 많은 동물이 도대체 어디에 숨어 있었나 궁금할 정도였다.

땅이 흔들리는 건 무서운 일이지만, 덕분에 모두 물 걱정은 줄었어.

"와, 저것 좀 봐. 대체 사막 어디서 악어가 나타났지?"

와니가 가리킨 곳에는 악어 몇 마리가 강물에 몸을 담근 채 가만히 떠 있었다.

“녀석들도 강의 지류에서 떠내려온 거지. 오카방고가 멀지

않았다는 증거야. 오카방고에는 온갖 다양한 동물들이 살고 있단다."

개미박사님이 설명해 주었다.

"강물이 코끼리 발자국과 냄새를 모조리 휩쓸고 가 버렸을 텐데, 어쩌면 좋지?"

"아이샤, 낮은 목소리로 가족들을 불러 봐. 아주 멀리까지 퍼지도록."

아이샤는 한자리에 계속 서 있기만 했다. 꼭 길을 잃어버린 것 같은 모습이었다.

아까부터 가족들을 불러 봤지만, 대답이 없어. 땅이 흔들리면서 뭔가 어긋났나 봐. 서로를 찾을 때까지 조금 기다려야겠어.

그때 갑자기 아이샤 코끝에 붉은 새 하나가 날아와 앉았다.

"오! 엄청 예쁘게 생겼네? 네 이름은 뭐니?"

"붉은벌잡이새로군. 녀석은 코끼리를 따라다니면서 벌레를 잡아먹는단다."

다윈박사님은 정신없이 붉은벌잡이새의 모습을 기록하기 바빴다.

아이샤는 조용히 코끝에 앉은 붉은벌잡이새를 바라보았다.

둘은 가만히 서로를 마주 보았다. 아무 소리도 들리지 않았지만, 서로 다른 두 존재는 분명히 대화 중이었다! 거인과 벼룩, 아니 고래 옆에 붙은 작은 새우 같았지만 말이다.

가족들이 가까이에 있대. 벌잡이새가 말해 줬어!

오카방고 강줄기가 이곳까지 흐르게 된 탓에 지형에는 여러 변화가 생겼다. 길이었던 곳이 섬처럼 떨어지기도 하고, 메마른 계곡에 물이 흘러 강물로 변하기도 했다. 간밤에 지진으로 물이 불어난 건 뜻밖의 사고였지만, 아이샤와 아요는 그 덕에 헤어졌던 가족들과 가까워진 셈이다.

개미박사님과 아이들은 다시 풍선거미에 올라탔다. 붉은벌

잡이새가 어떻게 길을 알려 줬는지 모르겠지만, 아이샤는 정해진 목적지가 있는 것처럼 쉬지 않고 걸어갔다. 그러다 갑자기 아이샤가 마구 달리기 시작했다. 코끼리는 여간해서는 달리지 않는데 말이다.

자매들, 우리가 돌아왔어.

아이샤는 코를 들어 길고 우렁찬 트럼펫 소리를 냈다.

"와, 달리는 아이샤는 꼭 증기 기관차 같아요."

미리가 몸을 떨며 말했다. 아이샤의 트럼펫 소리가 향한 곳은 멀리 외딴섬에 고립된 한 무리의 코끼리 떼였다.

아이샤! 아요! 아이샤예요! 아이샤가 돌아왔어요!

지난밤 땅 밑에서 갑자기 솟아난 물줄기가 코끼리들이 머무르고 있던 땅 주위로 물길을 만들었다. 그 탓에 코끼리 가족이 머물던 땅이 외딴섬이 되어 버린 것이다. 크고 작은 코끼리는 모두 열셋이었다.

말라이카 할머니, 다들 무사하셨군요! 우리 아요를 보세요. 아요도 무사해요.

아이샤는 강물을 사이에 두고 다시 만난 가족과 열렬히 인사를 나누었다. 코끼리들은 정말이지 인사에 열과 성을 다한다. 게다가 잠시 떨어져 있다가 다시 만나도 십 년쯤 헤어져 있다가 만난 것처럼 진심으로 반가워했다.

말라이카, 무와나, 무윈지!

코끼리들은 소리 높여 서로의 이름을 불렀다. 가장 나이가 많은 우두머리 코끼리부터, 그들이 낳은 딸들의 이름을 부르고, 다시 손자와 손녀의 이름을 부르는 식이었다. 무리를 이끄는 우두머리는 가장 나이가 많은 말라이카였다.

할머니! 큰이모 할머니! 작은이모 할머니!

"오, 이걸 그대로 받아 적으면 아이샤 가족의 가계도가 되겠군."

“녀석들은 서로 다른 소리로 가족들 이름을 부르는군요.”

다윈박사님은 하늘을 날아다니며 이 코끼리 가족의 가계도를 작성했다. 개미박사님도 귀를 쫑긋 세우고 코끼리들의 음성을 꼼꼼히 기록했다. 아마도 아프리카 남부의 코끼리들에 대한 보고서를 만들려는 것일 거다. 다음에는 젊은 암컷들의 이름이 불렸다.

마리니, 무왐바, 마라바, 말라, 마케니!

그들은 아이샤의 자매와 사촌 언니들이었다.

“코끼리들은 할머니랑 엄마, 이모, 언니만 모여 살아? 할아버지랑 아빠는?”

호야와 와니가 속닥거렸다. 그 말이 틀렸다는 걸 보여주기라도 하듯, 이번에는 수컷 코끼리들의 이름이 불렸다. 수컷 코끼

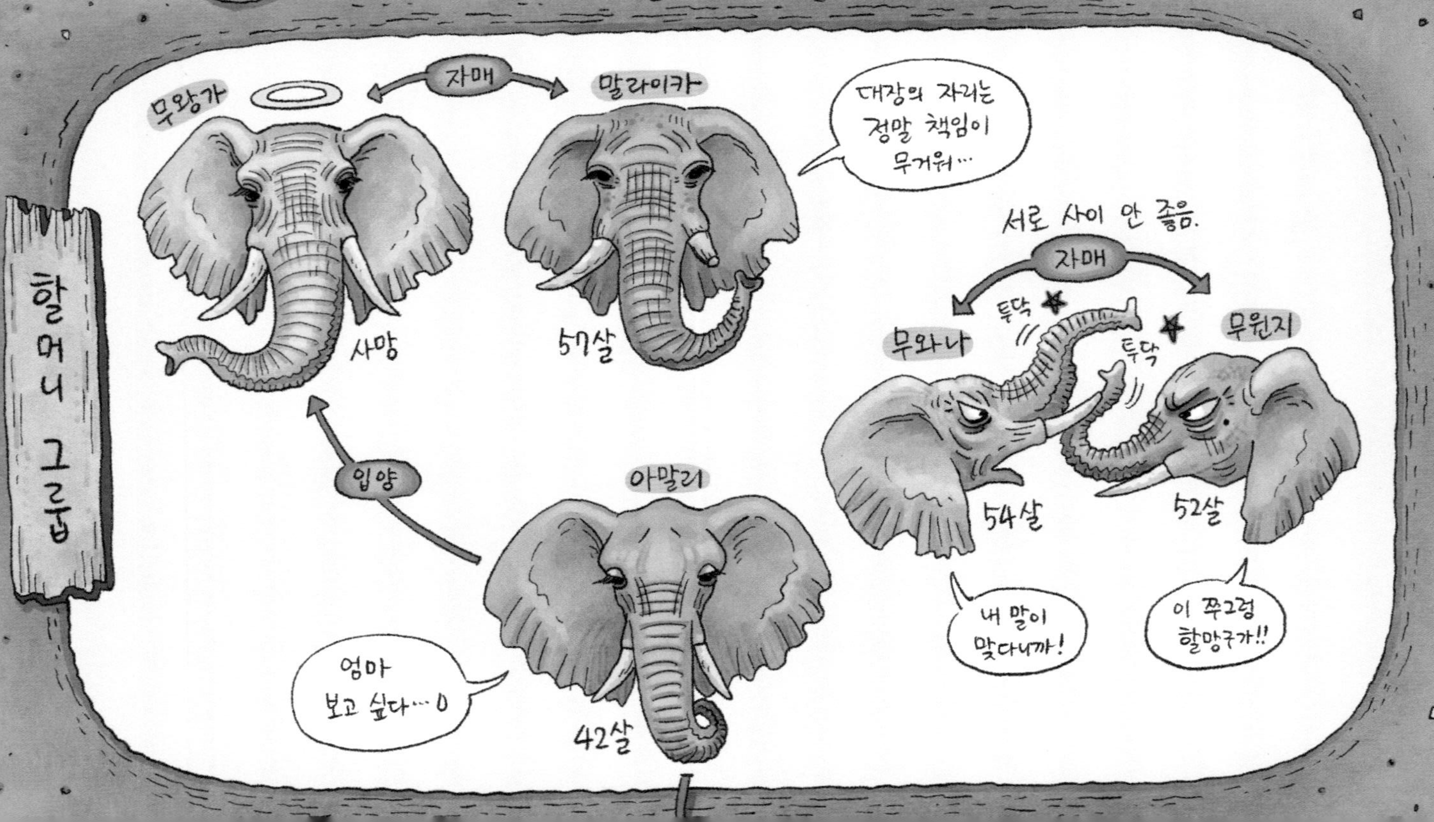
M 패밀리 가계도
할머니 그룹
무왕가
사망
자매
말라이카
57살
대장의 자리는 정말 책임이 무거워…
서로 사이 안 좋음.
자매
무와나
54살
무윈지
52살
투닥
투닥
내 말이 맞다니까!
이 쭈그렁 할망구가!!
입양
아말리
42살
엄마 보고 싶다…

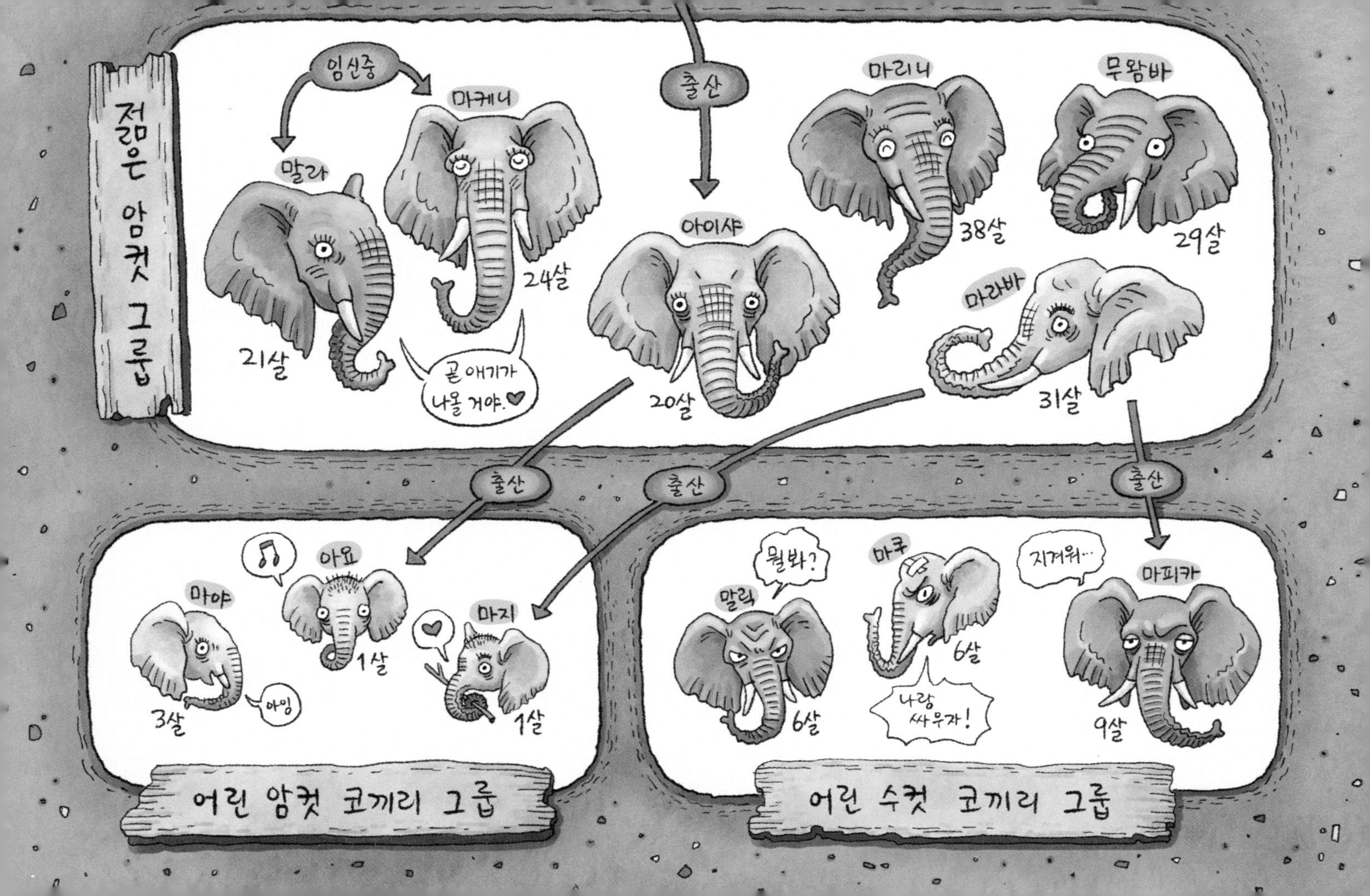
젊은 암컷 그룹
임신중
출산
말라
21살
마케니
24살
곧 애기가 나올 거야.♥
아이샤
20살
마리나
38살
무왐바
29살
마라바
31살
출산
출산
출산
마야
3살
아잉
아요
1살
마지
1살
어린 암컷 코끼리 그룹
말릭
6살
뭘봐?
마쿠
6살
나랑 싸우자!
지겨워…
마피카
9살
어린 수컷 코끼리 그룹

리들의 나이는 한 살부터 아홉 살 정도로 와니의 기대처럼 완전히 자란 성체는 없었다.

말릭, 마쿠, 마피카!

"코끼리들은 암컷끼리 모여 산단다. 무리의 대장은 늘 가장 나이 많은 암컷, 그러니까 할머니야. 수컷은 어릴 때는 엄마나 이모와 함께 다닐 수 있지만, 사춘기가 되면 무조건 무리를 떠나 독립해야 해. 그게 코끼리 세계의 규칙이야."

개미박사님이 설명해 주었다. 다음으로 이름이 불린 코끼리들은 자매들의 새끼, 그러니까 아이샤의 어린 조카들이었다.

마야, 마지!

아기 코끼리들은 어른들이 다리 사이에 숨겨 두었기 때문에 자세히 봐야 보인다. 아이샤의 자매와 사촌 중에는 임신 중인 암컷들도 있었다.

"저 암컷들은 새끼를 낳을 때가 되었나 봐. 배가 풍선처럼 출렁거려."

"매일 이동하는 것도 힘든데, 뱃속에 새끼까지 있다니, 얼마나 무거울까?"

"어디? 누구? 새끼를 낳을지 어떻게 알아?"

"젖꼭지를 보면 알 수 있어. 엄마가 되어서 젖을 먹일 준비를 하는 거야."

말라이카 할머니! 여섯 번째 이빨들은 건강한가요? 오는 길에 할머니가 좋아하는 향기로운 아카시아 나무를 봤어요. 갑자기 솟아난 강물 덕분에 아이들은 맘껏 진흙 목욕을 할 수 있겠군요.

아이샤는 말라이카 할머니가 건강한지, 헤어져 있던 동안 밥은 잘 먹었는지 안부를 물었다. 이렇게 한 마리씩 서로 대화하다가는 강물을 사이에 두고 영영 만나지 못할 것만 같았다.

어서 물을 건너오세요. 아이샤와 아요에게 달려오세요. 자매들의 몸에 살갗을 비비고, 코로 가족들의 냄새를 맡을래요. 할머니와 엄마, 이모들 냄새가 너무나 그리웠어요.

무왕가 할머니가 죽고 새롭게 우두머리가 된 말라이카는 사실 소심하고 겁이 많은 코끼리였다. 이미 여섯 번째이자, 마지막 어금니를 갈았고, 나이도 예순이 다 되었다. 예전처럼 먹이를 잘 씹지 못해 몸은 앙상하고 피부는 늘어졌다.

너무 오래 살다 보니, 너무 많은 불행을 지켜보았어.

모든 할머니 코끼리가 그렇듯 말라이카에게는 놀라운 능력이 있었다. 모든 걸 기억하고, 절대 잊지 않는 능력이다.

무왕가 언니가 쓰러졌을 때 나도 따라갔다면 좋으련만.

이빨이 빠져서 더 오래 잎사귀들을 씹느라 더 옛날 생각이 많이 나는 걸까? 아니면 죽을 날이 머지 않아서 그런 것일까? 특히 코끼리 무리를 이끌게 되면서, 중요한 결정을 해야 할 때가 오면, 더욱 생각이 많아졌다. 말라이카는 갑자기 불어난 강물을 앞에 두고, 한참을 망설였다. 말라이카는 지난해부터 이어진 가족의 불행에 대해 생각했다.

무왕가 언니라면 이 강물을 어떻게 건넜을까. 내가 무왕가 언니 같다면 얼마나 좋을까.

코끼리는 원래 수영을 잘하지만 아직 강을 건너 본 적 없는 젖먹이도 있었고, 악어에게 새끼를 잃은 경험이 있는 암컷도 있었다. 게다가 젊은 암컷 말라와 마케니는 임신 중이라 몸이 무거웠다.

악어들이에요. 저들이 우리 아기를 노려요.

코끼리들은 과거를 통해 미래를 볼 수 있다. 겁에 질린 코끼리들은 모두 같은 장면을 보았다. 물에 빠져 허우적대는 새끼 코끼리 그리고 가라앉은 새끼 코끼리를 끌고 가는 악어의 모습이었다.

아기가 끌려가요. 악어에게 끌려가요.

젊은 엄마 코끼리들이 미친 듯이 울었다. 물은 깊었고, 물살은 거셌다.

정신 차려! 생각에서 벗어나! 그건 지나간 일이야. 다가올 미래가 아니다!

건너편에는 굶주린 악어 몇 마리가 조용히 기다리고 있었다. 거센 물살이 흘러가는 길목을 차지하고는 시침을 떼고.

악어들은 기다리는 거야. 코끼리들이 실수하기를. 아기 코끼리가 익사하기를.

이윽고 우두머리 코끼리 말라이카가 결심한 듯 크게 울었다.

모두 강을 건널 준비를 하자. 젖먹이는 가운데로. 어미들은 몸으로 벽을 만들어라.

말라이카는 우두머리답게 맨 처음 강물로 뛰어들었다. 물이 생각보다 깊었다.

어린 것들에게서 눈을 떼면 안 된다. 겹겹이 아이들을 에워싸거라.

코끼리들은 두 겹으로 늘어선 채 말라이카를 따라 강으로 들어갔다. 어린 새끼들은 암컷들 사이에 있었다. 그러나 물에 떠밀리자 당황한 아기 코끼리들은 허우적대며 울부짖기 시작했다.

"코를 치켜들어! 아기 코끼리야, 코로 숨을 쉬어!"

아이들이 온 마음으로 코끼리들을 응원했다. 그러나 아기 코끼리들은 코를 다루는 데 아직 익숙하지 않았다. 마쿠를 코로

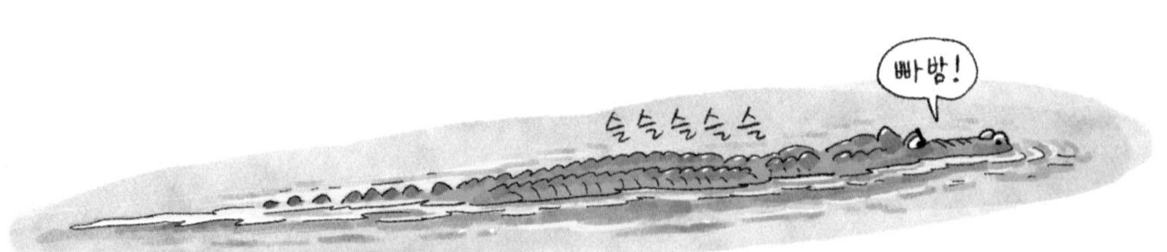

건져 주면, 이번엔 마야가 허우적대며 가라앉고, 마지는 어디로 갔는지 보이지 않았다.

마지와 마야는? 어딨느냐?

이미 맞은편 강둑에 도착한 말라이카가 아기 코끼리의 이름을 외쳤다. 마지의 엄마 마라바가 아기를 찾으며 울었다. 젊은 엄마 코끼리는 물에 둥둥 떠 가까이 다가오던 것이 썩은 나무가 아니라 사실은 교활한 악어 머리라는 걸 깨닫고, 비명을 질렀다. 어미 코끼리들의 대열이 순식간에 깨졌다.

썩 꺼지지 못할까. 내가 가겠다!

말라이카는 말릴 새도 없이 다시 물속으로 뛰어들었다. 첨벙첨벙 무서운 힘으로 악어에게 다가가 세차게 코를 휘둘렀다. 아무도 할머니 코끼리에게 그런 힘이 있을 거라고는 생각하지 못했다. 악어는 재빨리 물밑으로 잠수했다. 말라이카도 따라 가라앉았다. 그녀가 다시 떠올랐을 때, 말라이카 코에는 마지가 들려 있었다.

마지를 데려가!

말라이카는 마지막까지 물속에 남았다. 그러고는 강둑을 기어오르지 못하는 어린 코끼리들의 등을 힘껏 밀어 주었다. 정신을 차려 보니 코끼리들은 어느새 강을 다 건넌 뒤였다. 물에

홀딱 젖은 코끼리 가족에게 달려온 아이샤가 미친 듯이 몸을 비비며 냄새를 맡았다. 마지막으로 말라이카가 비틀대며 천천히 뭍으로 기어 나왔다. 악어들은 이미 어디론가 사라진 뒤였다.

말라이카 할머니!

아이샤가 뛰어가 말라이카의 몸에 제 몸을 기댔다. 말라이카는 갑자기 훌쩍 나이 든 모습이었다. 거칠게 헐떡이며 비틀댔다. 말라이카는 아이샤를 보며 울고 있었다. 두 코끼리는 서로 이마를 마주 대고 그렇게 한참 서 있었다.

나의 아이샤, 나의 꼬마 아요. 살아 돌아와 고맙구나.

말라이카는 코를 들어 천천히 아이샤의 냄새를 빨아들였다. 그립고 슬프고 후회스러웠던 그동안의 감정이 모래바람처럼 사라졌다. 말라이카가 빨아들인 공기 속에는 헤어졌던 동안 아이샤가 겪었던 모든 감정의 냄새가 들어 있었다. 그래서 말라이카와 아이샤는 말하지 않고도 서로를 완전히 이해할 수 있었다.

나는 행복하단다. 아이샤, 네가 있어서. 네가 내 앞에 살아 있어서.

# 6. 코끼리 무덤

아이샤는 말라이카, 무와나, 무윈지 할머니에게 차례로 인사한 뒤, 이모와 자매들 사이를 돌았다. 그러나 어디에도 엄마 아말리 모습은 보이지 않았다.

아말리는 어젯밤 우리를 떠났어. 하지만 안심해. 멀지 않은 곳에서 노래하는 소리가 들려.

말라이카가 잘 곳을 정한 뒤, 밤사이 갑작스러운 지진과 홍수가 일어났다. 주위가 순식간에 물에 휩싸이자, 할머니 코끼리들은 어떻게 할지를 두고 다투기 시작했다. 결국 그들이 우왕좌왕하는 사이, 모래 둔덕이 물길에 휩쓸려 나가면서 코끼리들이 있던 땅은 섬처럼 고립되었다.

아이샤랑 아요를 뒤에 남겨 두기로 한 건 어쩔 수 없는 결정이었어. 무리를 이끄는 우두머리가 할 일은 가족에게 그날의 물과 먹이를 제공하는 것이야. 훌륭한 우두머리란 그런 것이야.

아이샤가 아요 곁에 남겠다고 한 건 멍청한 짓이었어. 제 엄마를 닮은 게야.

무와나와 무원지 할머니가 언제나처럼 다투기 시작했다. 아이샤가 멍청하다는 소리에 대장 할머니의 분노가 터지고 말았다.

그만! 모두 그만해! 자매를 탓하다니, 용서할 수 없다!

말라이카 할머니가 호통을 치자, 주위는 조용해졌다.

멀리 아말리가 애도의 노래를 부르는 게 들려. 아말리에게가 봐야겠다.

말라이카 할머니가 결정을 내리고 걷기 시작했다.

오카방고로 가는 길은 어쩌고? 여기서 지체하면 장마 집회에 늦을 텐데.

무와나 할머니가 투덜댔다. 이제 곧 비가 내리면서 본격적으로 우기가 시작될 것이고, 그때쯤 오카방고에 도착하면 모든 것이 딱 맞는다. 젊은 암컷들은 편하게 새끼를 낳을 것이고, 그 때부터는 먹을 것과 마실 것이 넘쳐나니까.

말라이카는 가만히 고개를 숙이고 땅의 울림을 들었다. 발바닥과 코로, 귀와 이마로 아말리가 부르는 노랫소리를 느꼈다.

건기와 우기 사이, 초원과 사막을 오가며 이동하는 코끼리들에게는 그들만의 아주 오래된 길이 존재했다. 그 길은 사막의 오아시스들을 연결하는 길이고, 오아시스의 끝은 거대한 오카방고였다. 길고 고되고 위험한 길은 할머니에서 어머니로, 다시 딸로 전해져 내려왔다. 틈날 때마다 할머니 코끼리들은 어린 손녀를 앞에 놓고, 노래를 가르쳤다. 사막을 읽는 법, 물을 찾는 법, 바람 속에 위험을 감지하는 법, 가족의 이야기와 가족을 떠난 삼촌과 아버지와 오빠의 이야기를 들려주었다.

아말리가 어디로 갔는지 알겠다. 딱 1년 전 오늘이었구나.

말라이카 할머니가 앞장섰다. 천천히 해가 지고 있었다. 젖먹이 코끼리 마지와 아요는 엄마 코끼리의 다리 사이에 안전하게 숨어 있었다. 말라와 마케니도 부푼 배를 안고 천천히 이동했다. 아직도 철부지인 수컷 코끼리 말릭과 마쿠, 마피카는 엄마의 꼬리를 붙잡고 걸었다.

어디서 못생긴 코끼리까지 달고 왔구나.

무와나 할머니는 풍선거미를 타고 쫓아오는 개미박사님 일행을 못마땅한 듯 쳐다보더니, 코로 진흙을 퍽 뿌렸다.

해가 완전히 지자 거대한 모래 언덕이 나타났다. 커다란 바위가 모래바람에 닳아서 부드러운 굴곡을 이루고 있었다. 바위의 그늘진 곳엔 거의 말라 버린 진흙 웅덩이가 있었다. 언제부터인가 코끼리들의 낮은 목소리가 들리지 않았다. 아마도 그들이 도착할 곳이 어딘지, 그곳에 누가 있는지 이미 알고 있는 것

같았다.

"이곳은 뭔가 특별해요. 사막 한가운데에 이런 곳이 있을 줄 몰랐어요."

"뭐랄까. 조용하고, 슬프고, 그리운 느낌이 들어요."

아라와 미리가 말했다. 완만하게 펼쳐진 끝없는 모래 언덕

위로 굽이굽이 모래들이 물결쳤다. 텅 빈 모래 언덕에 살아 있는 건 아무것도 없어서, 그대로 시간이 멈춰 버린 느낌이 들었다. 돌멩이 하나가 구르는 소리가 커다랗게 울려 퍼졌다.

"저게 뭐지?"

고요한 모래 물결 사이에 거인처럼 움직이지 않고 우뚝 서 있는 코끼리 그림자가 보였다. 코끼리는 허물어진 돌무더기 앞에서 조용히 고개를 떨군 채 하얗게 빛나는 바위를 조용히 코

로 더듬고 있었다. 간밤에 아무에게도 알리지 않고 무리를 떠났던 아이샤의 엄마, 아말리였다.

엄마! 아이샤가 돌아왔어요! 아요를 데리고요. 그러니까 이제 울지 마세요.

아이샤가 엄마를 불렀다. 그러나 아말리는 깊은 생각에 잠겨 듣지 못했다. 아름다운 달빛 아래, 아말리가 더듬고 있던 하얀 돌은 거대한 코끼리 두개골이었다. 두개골은 거의 작은 자동차만 했고, 새하얗게 빛났다.

나를 길러 주신 어머니, 당신이 몹시 그리워요. 다시 한번 어머니 냄새를 맡고 싶어요.

아말리는 부드럽게 코를 흔들며 두개골의 윤곽을 훑었다. 움푹 꺼진 두 눈구멍과 턱뼈, 이빨과 엄니가 빠져나간 자리마다 코를 넣고 가만히 냄새를 맡았다. 그러더니 털썩 쓰러져서 어리광을 부리듯이 두개골을 굴리며 놀았다. 아말리는 그 코끼리가 여전히 살아 있다고 느끼는 듯했다. 애정 어린 손길로 뼈를 어루만지고 굴리며 두개골과 이야기를 나누었다.

"뼈를 갖고 놀다니, 어쩐지 으스스한데? 대체 뭐 하는 거지?"

개미박사님과 아이들은 자세히 보기 위해 천천히 다가갔다.

아말리
…

그곳엔 거대한 코끼리의 사체가 있었다. 제돌이를 따라 내려갔던 깊은 바다에서 귀신고래 사체를 봤을 때가 생각났다. 코끼리 사체는 이미 수많은 청소동물이 다녀간 뒤였고, 남은 살점 몇 조각만이 작은 청소 벌레들 몫으로 남아 있었다. 뼛속의 골수와 가죽까지 씹어 먹은 건, 하이에나일 거다.

"코끼리는 사막의 고래 같아. 죽어서도 몸을 내주잖아."

미리가 중얼거렸다. 수많은 생명이 열심히 거인의 사체를 갉아 먹고 있는 모습은 어쩔 수 없이 두렵고 슬픈 것이었다.

"죽은 지 1년쯤 된 것 같다. 이빨을 보니, 거의 60살 가까운 나이야."

다윈박사님이 말했다. 그때 말라이카의 목소리가 울려 퍼졌다.

모두 애도의 대형을 만들어라.

코끼리들이 움직이기 시작했다. 아말리와 코끼리 뼈를 가운데 두고, 나머지 코끼리들이 둥그렇게 둘러쌌다. 코끼리들은 몸을 돌리고, 고개를 떨군 채 가만히 서 있었다. 가족들이 코끼리 뼈를 둘러싸자 아말리는 낮고 길게 울었다. 코끼리들이 노래하기 시작했다.

무왕가 할머니, 당신의 딸들이 왔습니다. 그곳에서 편안하신가요?

보고 싶어요. 만지고 싶어요. 당신을 코로 휘감고 인사를 나누고 싶어요.

어머니 입에 코를 넣고 싶어요. 살갗을 비비고 싶어요.

그동안 어떻게 지냈는지 냄새를 맡고 싶어요.

"저 뼈의 주인은 이전 우두머

리였던 무왕가 할머니로구나. 할머니 뼈에 조문하러 온 거야."

어슴푸레한 달빛 아래, 개미박사님이 속삭였다. 코끼리들은 할머니의 뼈를 에워싸고 애도의 노래를 부르며 무왕가를 추억했다. 코끼리들이 동시에 과거의 기억을 떠올리자, 놀랍게도 무왕가 할머니의 마지막 모습이 코끼리들 앞에 일렁이며 나타났다. 같은 생각을 공유하고, 함께 죽은 이의 기억을 떠올리고, 미래를 볼 수 있는 건 코끼리들의 특별한 능력인 것 같았다.

"헉, 저게 뭐예요? 설마 코끼리 유령이에요?"

와니가 입을 틀어막고 속삭였다. 오늘 밤에 본 것들은 너무나 특별해서 영원히 잊지 못할 것 같았다. 코끼리들은 함께 할머니의 마지막 순간을 추억했다.

무왕가는 무겁고 지친 몸으로 가족들을 이끌었다. 우기가 시작되기 직전, 무왕가는 끈질기게 추적한 끝에 마침내 마지막 오아시스를 찾아냈다. 그 덕에 어린 코끼리와 새끼를 밴 암컷들은 살 수 있었다. 웅덩이로 달려들어 미친 듯이 물을 마시고 있는데, 갑자기 쿵 소리와 함께 무왕가가 쓰러졌다. 제일 먼저 아말리가 울부짖으며 달려왔고, 그것이 무왕가의 마지막이었다. 그제야 코끼리들은 무왕가의 뒷다리가 심하게 부풀어 오른 것을 보았다. 왜 그런 일이 일어났는지, 어떤 저주나 병에 걸린 것인지 알 수 없었다. 며칠 전부터 그녀의 다리는 썩고 있었고, 그때까지 살아 있었던 것은 순전히 가족을 살릴 물웅덩이를 찾겠다는 일념 때문이었다.

할머니는 우리를 살리려고 자신을 버린 거야.

무왕가 할머니의 마지막 순간을 함께 떠올린 코끼리들은 흐느끼며 울기 시작했다. 그때 아말리가 할머니의 뼛조각 사이에서 반짝이는 무언가를 집어 들었다. 뾰족하고 차가운 금속 비슷한 무엇이었다.

이게 내 어머니를 죽였어. 인간들은 내 어머니 둘을 모두 죽였어.

아말리는 반짝이는 그것을 코로 집어 들었다. 코끼리들이 웅성거리며 모여들었다. 아말리 코에서 말라이카 코로, 무와나와 무윈지 코로 차례로 전달되었다. 코끼리들은 킁킁대며 무왕가 할머니를 쓰러뜨린 차가운 금속의 냄새를 맡았다.

난 어머니가 독사에 당한 거라 생각했어. 그런데 이 작은 바늘 때문이었다니.

코끼리들은 일제히 구슬프게 울기 시작했다. 슬픔으로 심장이 녹아내려서 어쩔 수 없이 터져 나오는 비통한 흐느낌 비슷한 것이었다.

이게 뭔지 알고 있겠지. 너희 인간들이 만든 것이니까.

아말리가 금속 조각을 코로 휘감아서 개미박사님 앞에 툭 떨어뜨렸다. 개미박사님은 코끼리가 내던진 금속 조각을 집어 살

펴보았다. 부러진 작은 화살촉이었다.

"화살촉이로구나. 사막 부족들이 쓰는 걸 본 적 있어."

개미박사님이 침통하게 중얼거렸다.

"이 작은 걸로 어떻게 큰 코끼리를 죽여요?"

"사막의 원주민들이 코끼리를 잡을 때 쓰는 방법이야. 몰래 독을 바른 화살을 쏘고, 며칠 동안 끈질기게 추적해서 잡는단다. 코끼리는 화살을 맞은 줄도 모르다가, 서서히 아주 고통스럽게 죽어."

나를 낳아 준 엄마도, 나를 길러 준 엄마도 모두 인간이 죽였다.

아말리는 거대한 머리를 바싹 디밀며 개미박사님과 아이들을 내려다보았다. 구름에 가려져 있던 달이 다시 나타나 개미박사님과 아이들을 탓하듯 비추었다.

"화가 난 코끼리가 우리에게 복수하려는 거 아냐?"

"서… 설마. 우리가 코끼리를 해친 게 아니잖아."

와니와 호야가 속삭였다. 인간 앞에 선 코끼리가 새삼 너무 거대해서 꼭 자연의 심판을 받는 기분이 들었다. 손을 뻗으면

닿을 거리에 아말리의 신비로운 눈동자가 조용히 인간들을 내려다보고 있었다. 아말리는 부르르 몸을 떨더니 커다란 귀를 활짝 펼쳤다. 거대한 전파 수신기 같은 귀가 사막의 밤을 향해 활짝 펼쳐졌다. 아말리의 거대한 코가 요동치며 미끄러지듯 움직였다. 마침내 아말리의 코는 아나콘다처럼 개미박사님을 둘둘 감았다.

"헉, 코… 코끼리 여사님, 흥분하지 마세요. 아무래도 이건 좀…."

아말리는 갑자기 감았던 코를 풀더니, 축축한 콧구멍으로 개미박사님을 샅샅이 훑기 시작했다. 아까 엄마의 두개골을 훑었던 모습과 똑같았다. 축축하고 눅눅한 콧김이 훅 끼쳤다. 어쩌면 콧물도 조금 묻었을지 모른다.

코끼리는 절대 잊지 않는다.

아말리는 코끝을 개미박사님에게 대고 가만히 있었다. 마치 의사가 청진기로 심장 박동을 들으려는 것처럼. 소리와 냄새는 수많은 정보를 불러냈고, 수십 년 전의 기억 속으로 아말리를 데려갔다. 마침내 확신에 찬 아말리가 다시 눈을 떴다. 어둠 속에서 아말리의 눈동자가 눈물로 반짝였다.

당신이 구해 줬던 '꼬마'를 기억해?

# 7. 장마 집회

개미박사님이 모닥불 앞에서 들려줬던 이야기 속 가여운 '꼬마'는 바로 코끼리 아말리였다. 아말리는 아이샤의 엄마였고, 아요의 할머니였다.

"꼬마야, 너 살아 있었구나! 어디로 갔었어? 대체 왜 떠난 거야?"

개미박사님은 아말리를 끌어안고 눈물을 펑펑 흘렸다. 아말리는 대답 대신 개미박사님에게 가만히 앞발을 내밀었다. 아말리의 왼쪽 발에는 아직도 어설픈 수술 자국이 희미하게 남아 있었다.

당신이 작은 콩알을 빼냈고, 따끔한 바늘로 날 찔렀어.

비뚤비뚤 서툰 솜씨였지만, 더 이상 내 살은 썩지 않았지.

개미박사님은 대학 때 응급 수의학 수업을 한 번 들은 게 전부였다. 다행히 아말리는 살아났다.

“꼬마가 사람이 아니고, 코끼리라고요?”

“그럼 코끼리 스무 마리가 한꺼번에 죽었다는 거예요?”

"가족들 얼굴을 난도질했다는 게…, 아! 상아를 잘라 갔다는 거였어?"

아이들은 코끼리 가족을 구덩이에 몰아넣고 총으로 쏴 죽인 밀렵꾼들을 상상했다. 너무 끔찍하고 슬퍼서 이 생각을 얼른 머릿속에서 몰아내고 싶었다.

"꼬마가 살아남아서 이렇게 아름다운 코끼리가 되다니…."

아라가 펑펑 눈물을 쏟으며 말했다. 아말리는 가족이 모두 죽고, 엄니가 잘리는 걸 지켜보았다. 그리고 다리에 총을 맞고 살아남았다. 살아남은 유일한 코끼리가 된다는 건, 좋은 일일까, 나쁜 일일까?

아말리는 모래를 파내더니 코로 모래 한 줌을 쥐어 올렸다. 아마도 개미박사님에게 주고 싶은 것 같았다. 개미박사님은 아이처럼 두 손을 모아 내밀었다. 아말리는 주르륵 모래를 손에 뿌려 주었다. 달빛 아래 모래가 황금처럼 반짝였다.

당신은 작은 것들을 사랑한다고 했지. 내 선물이야.

개미박사님이 눈물을 훔치며 웃었다. 모래 안에는 작은 개미들이 가득했다.

그래서 작고 소중한 친구들을 찾았어?

아말리는 자기를 구해 준 청년이 평생 개미에 빠져서 '개미박사'로 살아가게 될 것도 그때 미리 내다본 것일까.

"내 이야기를 기억하고 있었어? 어떻게 날 알아봤니?"

목소리, 생김새, 심장 박동, 몸의 윤곽, 냄새, 당신이 불러 준 노래와 이야기 모두 기억나. 코끼리 몸 안에는 지난 기억들이 빠짐없이 빼곡하게 들어 있거든.

"아이샤가 네 딸이야? 아요는 손녀고? 아이샤는 참 용감한 엄마더구나."

아이샤는 구덩이에 빠진 아기 옆에 남았어. 무왕가는 제 핏줄도 아닌 젖먹이를 키웠지. 그들은 훌륭한 엄마야. 하지만 나는 내 딸을 두고 떠났어. 엄마가 죽는 걸 두 번이나 지켜보기만 했어. 난 자격이 없어. 난 여전히 사막을 울며 떠도는 고아 코끼리야.

개미박사님은 아말리를 위로해 주고 싶었다. 그때 어디선가 강한 울림이 느껴졌다. 분명 아무 소리도 나지 않았지만, 울림은 확실히 모두에게 울려 퍼졌다.

아말리, 사랑하는 내 딸아.

놀라운 일이 펼쳐졌다. 무왕가 할머니의 뼈가 투명하게 빛나기 시작하더니, 마치 별빛이 쏟아지는 것처럼, 파란색과 보라색으로 빛나기 시작했다.

"믿을 수 없어요. 이게 다 무슨 일일까요?"

모래 언덕 위에 흩어져 있던 뼈들이 달그락거리며 움직이기 시작했다. 뼈들은 보이지 않는 힘에 이끌려 모래 위에 아름다운 궤적을 그리며 춤을 추었다. 뼈들이 허공으로 천천히 날아오르며 움직이는가 싶더니, 모든 뼈가 제자리를 찾아가 맞춰졌다.

"사라졌던 엄니가 나타났어요!"

마지막으로 수정같이 투명한 엄니가 파랗게 빛나면서 맞춰졌고, 그렇게 무왕가 할머니의 영혼이 깨어났다. 빛으로 변한 무왕가 할머니의 모습에 코끼리들은 울음을 멈추고 하늘을 향

해 코를 치켜들었다.

우리가 처음 만난 날을 기억하니?

은하수가 쏟아지는 사막의 밤, 코끼리들은 빛으로 되살아난 무왕가 할머니의 이야기에 조용히 귀 기울였다.

40년 전, 칼라하리 사막, 오카방고 습지.

젊은 암컷 코끼리는 하늘을 향해 코를 치켜든 채 울고 있었다. 2년 가까이 뱃속에 품고 있던 새끼가 태어나자마자 죽었기 때문이었다. 가냘프고 작은 아기는 힘겨운 숨을 몇 번 쉬더니 젖 한번 물지 못하고 눈을 감았다.

아이를 품고 있는 동안 엄마가 코끼리답지 않게 너무 놀란 탓이야.

할머니들 잔소리를 들으니 더욱 비통했다. 아기를 죽인 건, 엄마의 배고픔이나 피로가 아니었다. 공포와 비명 때문에 죽은 것이다. 하루가 멀다 하고 이웃 코끼리들이 끔찍하게 살해되었다는 소식이 들려오는 판에 어떻게 이런 세상을 믿고 새끼를 낳는단 말인가?

듣지 않으려고 했지만, 매일같이 코끼리들이 죽어 가는 비명이 들렸어.

코끼리들의 비명과 통곡 소리가 들릴 때마다 내 안의 무언가도 함께 죽는 기분이 들었어.

자매들은 새끼를 잃은 언니를 위해 함께 구덩이를 팠다.

잃어버린 아이는 그만 생각해. 우기가 두 번 지나면 다시 아기를 낳을 수 있어.

아이를 묻고 물을 가져다 뿌리자. 그럼 늪에 가둔 것처럼 아무도 손 못 댈 거야.

굶주린 짐승이 아기의 몸을 건드리는 건 상상도 하기 싫었다. 자매들이 조심스럽게 사체를 옮기고 흙을 덮으려던 순간이었다.

잠깐만. 아기가 하늘을 보게 묻어 줘. 별을 보고 다시 엄마를 찾아올 수 있게.

자매들은 새끼를 잃은 언니가 잠시 정신이 이상해졌다고 생각했다. 이게 무슨 짓이람. 그렇지만, 언니 소원대로 했다. 죽은 새끼는 등을 땅에 대고 하늘을 보는 자세로 묻혔다.

아이야, 엄마 목소리를 듣고, 별을 따라서 와. 다시 나에게 오렴.

코끼리 엄마의 마지막 기도가 끝나고, 가족들이 돌아가며 한 번씩 돌을 얹었다. 나지막이 애도의 노래를 함께 부른 뒤, 코에

물을 담아 와서 차례로 뿌렸다. 가족들의 우두머리인 할머니 코끼리가 어디선가 아카시아 나무 가지를 꺾어 왔다. 잎사귀에서 향기롭고 신선한 풀 냄새가 났다.

얼마 전에 아마니 가족이 몰살당했어. 아마니는 내 오랜 친구였다.

맙소사, 그 번성했던 가문이 한순간에 사라지다니.

인간들은 정말 끔찍해. 마주치지 않는 것이 상책이다.

우두머리 할머니는 아카시아 나무 잎사귀로 무덤을 덮은 뒤, 코를 들어 공기의 냄새와 진동을 느꼈다. 할머니는 요즘 부쩍 경계가 심해졌다. 여기저기서 코끼리 집단 학살이 벌어지고 있었다. 먼 길을 돌아가더라도 인간과 마주치지 말아야 한다.

이제 그만 돌아가자. 언니는 할 만큼 했어.

자매들이 무덤에 진흙을 뿌리며 위로했지만, 슬픔은 사라지지 않았다. 새끼를 땅에 묻은 어미는 힘겹게 무릎을 꿇었다. 퉁퉁 불은 젖을 내밀었다. 아기에게 한 번이라도 젖을 주고 싶었다. 그러나 얼마 전까지 내 것이었던 아기의 냄새는 벌써 변했다. 확실하게 다른 세상으로 가 버린 것이다.

언니가 정말 걱정이야. 상태가 안 좋은데.

잠도 안 자고, 먹지도 않고. 밤마다 별에게 빈다잖아. 다시 만나자고.

어미는 계속 새끼 무덤 근처를 맴돌며 울었다. 새끼가 죽지 않고, 어딘가에 살아 있다는 생각이 들었다. 우두머리 할머니는 자신이 본 불길한 미래를 누구에게도 말하지 않았다. 가장 아끼는 딸이 새끼를 잃은 슬픔을 극복하지 못하고 비참하게 숨을 거두는 장면 말이다.

그때, 낯선 냄새를 감지한 할머니가 코를 휘저었다. 그녀는 어둠 속에서도 코를 통해 볼 수 있었다. 갑자기 정신이 퍼뜩 들었다. 보이지 않는 곳에서 무언가 다가오고 있었다.

다들 조용! 수풀 속에 무언가 있다. 방금 가냘픈 울림을 들었다.

코끼리 가족은 다들 어리둥절한 채 허공을 응시했다. 캄캄한 저 너머에는 끝없는 벌판뿐이었다. 다들 귀를 젖히고, 코로 냄새를 맡았다.

어둠 속에 숨어 있는 넌 무엇이냐? 모습을 드러내거라.

구름에 가려졌던 달이 나타나자, 덤불 속에 웅크리고 있던 작디작은 것의 모습이 드러났다. 잔뜩 겁에 질린 아기 코끼리였다.

어머나, 얘 좀 보게. 너 혼자서 사막을 건너왔니?

굶주린 하이에나와 표범을 피해서?

가족들은 어딨니? 네 엄마는 어딨어?

너 다리는 왜 그래? 절고 있잖아.

코끼리들이 다가들며 질문을 쏟아 냈다. 아기 코끼리는 몰골이 엉망이었다. 젖먹이 녀석이 혼자 여기까지 왔다는 게 기적이었다.

우리 엄마 어딨어요? 엄마 목소리를 들었어요.

겨우 두세 살이 되었을까 싶은 아기 코끼리는 아주 똘똘했다. 녀석은 다가든 어른들의 얼굴을 하나씩 쳐다보고, 냄새를 맡고, 목소리를 들었다.

엄마 어딨어요? 할머니 어딨어요? 이모는요? 오빠는요?

그러나 어디에도 낯익은 가족의 얼굴은 없었다. 마침내 아기 코끼리는 울음을 터뜨렸다. 몸을 흔들고 보채며 울기 시작했다. 그제야 아기 코끼리 같았다. 당황한 코끼리들은 소곤거렸다.

이 아이 낯이 익어. 지난 장마 집회 때 본 적 있는 것 같아.

설마. 아마니 가족 꼬맹이가 하나 살아남았다더니, 혹시 그 애 아니야?

다행히 다리가 썩지는 않겠어.

어린 것이 어찌 알고 여기까지 찾아왔을까?

그때 코끼리들을 헤치고, 새끼를 잃은 암컷 코끼리가 나섰다. 그녀는 아무것도 묻지 않고, 가만히 아이를 바라보기만 했다. 코끼리들은 그저 바라보고 냄새를 맡는 것만으로 서로를 알 수 있었다.

너 이름이 뭐니?

아말리.

내 노래를 들었니?

아줌마가 불렀어요? 별을 따라서 오라고 노래했잖아요. 매일 밤 들었어요. 아줌마는 사막을 건너는 방법도 알려 주었고, 하이에나가 어딨는지도 알려 줬어요.

그녀는 대답 대신 아이를 코로 부드럽게 쓸어 주었다. 아이는 눈물을 그쳤다.

우리 엄마인 줄 알았어요. 엄마가 아니네요. 우리 엄마는 어딨어요?

아이는 아직 혼란스러운 듯했다. 엄마를 찾으며 다시 울기 시작했다. 젊은 암컷은 아말리 앞에 무릎을 구부리고 몸을 낮

줬다. 아말리는 울음을 그치고 본능적으로 강렬한 젖 냄새를 맡았다. 머리를 쳐들고 있는 힘껏 몸을 뻗었다. 마침내 아말리의 입이 젖에 닿았고, 힘차게 젖을 빨기 시작했다.

그래. 내가 널 불렀어. 엄마를 찾아서, 별을 쫓아서 오라고.

우두머리 코끼리가 걱정스러운 얼굴로 말했다.

어쩔 셈이냐. 젖을 말려야 다시 새끼를 밸 텐데.

젊은 엄마는 힘차게 젖을 빠는 아기를 느끼며, 그동안 몸에 가득 차 있던 슬픔과 눈물, 비통함이 서서히 빠져나가는 걸 알았다. 대신 온몸이 다른 것으로 가득 차올라 충만해졌다. 비로소 진짜 코끼리가 된 느낌이었다.

어떻게 젖을 안 줘요. 얘는 내가 키울래요. 아말리는 이제 내 딸이에요.

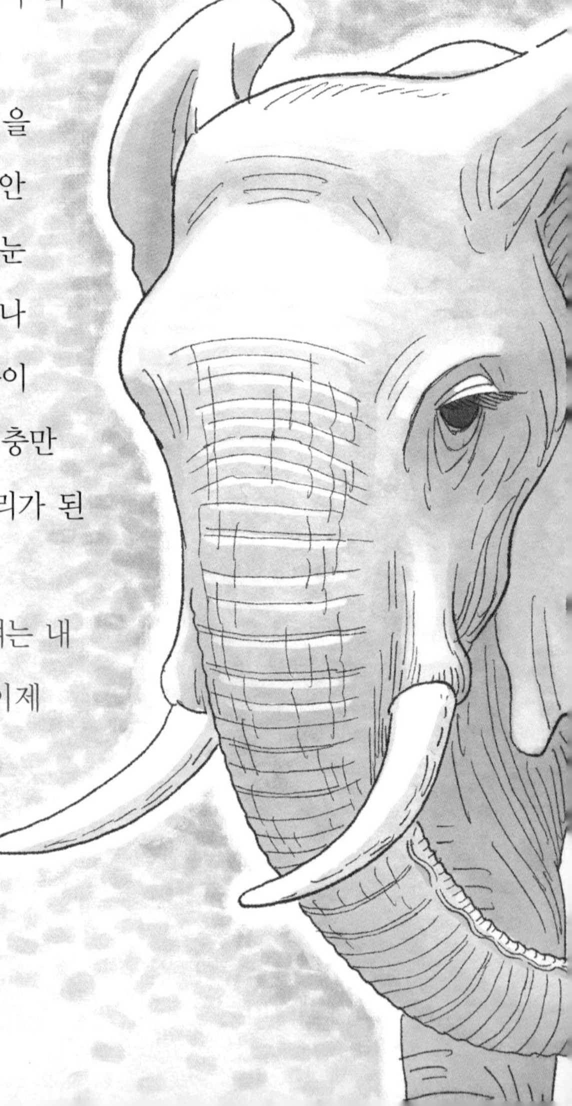

젊은 암컷의 이름은 무왕가였다. 그녀는 그제야 자기가 세상과 완전히 연결되었다고 느꼈다. 아말리는 이미 자신과 한 몸이 되어 버렸다.

코끼리는 코끼리를 통해 코끼리가 된다더니.

할머니 코끼리는 더 말리지 않고, 엄마와 아기를 그저 바라보았다.

그 순간, 그렇게 선 채로 할머니 코끼리는 또 다른 미래를 보았다. 무왕가에서 아말리로, 아이샤에서 아요로, 자신의 딸들이 코끼리 무리를 이끌며 살아가는 모습이었다. 코끼리들은 모두 사랑으로 연결되어 있다. 사랑이 불길한 미래를 바꾼 것이다.

네가 저 젖먹이를 살렸지만, 사실은 저 아이가 너를 살린 것이다.

할머니 코끼리는 눈앞의 기적을 보며 몸을 부르르 떨었다.

말라이카 무리는 천천히 이동을 계속했다. 하늘에는 그린 듯한 기다란 구름 띠가 천천히 흘러갔다. 아말리는 물기를 잔뜩 머금은 축축한 바람을 느꼈다. 머지않아 한바탕 비가 쏟아질 것 같았다. 콧속으로 싱그러운 풀 냄새가 느껴졌다. 풀과 잎사귀, 수초와 갈대가 지천인 곳, 바로 오카방고 습지의 냄새였다. 벌써 수백 마리 코끼리들이 오카방고에 도착했다.

"장마 집회가 뭐예요?"

"해마다 우기가 되면 오카방고에

수백 마리의 코끼리 떼가 모여든단다. 코끼리 사회에서 가장 큰 사교 모임이지."

"이때 새로 태어난 가족을 소개하고, 안부도 묻고, 인사도 하는 거야. 암컷들은 오카방고에서 새끼를 낳고, 젊은 코끼리들은 짝짓기도 하고."

아말리가 고른 자리에서 말라와 마케니는 진통을 시작하더니 무사히 새끼를 낳았다. 이 젖먹이들은 남매나 다름없이 지내게 될 것이고, 어미들은 함께 젖을 먹일 것이다.

며칠째 사막을 적신 꿈같은 비 덕분에 오카방고는 생명으로 흘러넘쳤다. 풀들이 하루 만에 허리까지 쑥쑥 자라났다. 사방에서 모여든 수백 마리 코끼리들이 서로 안부를 묻는 소리가 끊이지 않았다. 새벽부터 밤까지 코끼리들의 합창이 오케스트라처럼 울려 퍼졌다.

모두 느긋하게 실컷 풀을 뜯고, 가족도 둘이나 늘어나자, 말라이카 할머니는 이제 모든 짐을 덜었다고 느꼈다. 이대로 무왕가 언니를 따라가도 괜찮겠다는 생각이 들었다.

이제야 몸이 가벼워진 것 같아. 평생 무거운 코끼리로 살았는데.

무왕가, 말라이카, 무와나, 무원지 할머니의 시대는 빠르게

지나갈 것이다. 그러나 아무 걱정할 것이 없다. 아말리는 모든 준비를 끝마쳤다. 말라이카 할머니가 모든 기억을 아말리에게 물려주었기 때문이었다.

무거운 옷을 벗으니 참 좋구나. 훨훨 날아갈 것 같아.

오카방고에서 풀을 뜯고 맘껏 몸을 적시는 가족들을 보며 말라이카 할머니는 조용히 옆으로 누웠다. 평생 물과 먹이를 찾아 쉬지 않고 일해야 했던 그 거대한 몸을 떠나, 그녀의 영혼이 작은 벌잡이새처럼 허공으로 가볍게 둥둥 떠오르는 것을 느꼈다.

난 언제나 붉은벌잡이새가 되고 싶었어.

말라이카가 마지막으로 본 것은 거친 사막 한가운데를 묵묵히 걸어가는 코끼리 가족의 행렬이었다. 아말리가 맨 앞에 서서 코끼리들을 이끌고 있었다. 아말리의 코끝에는 아름다운 붉은벌잡이새 한 마리가 날아와 앉았다. 셀 수 없는 고통과 슬픔을 겪으면서도, 그들은 계속 살아갈 것이었다.

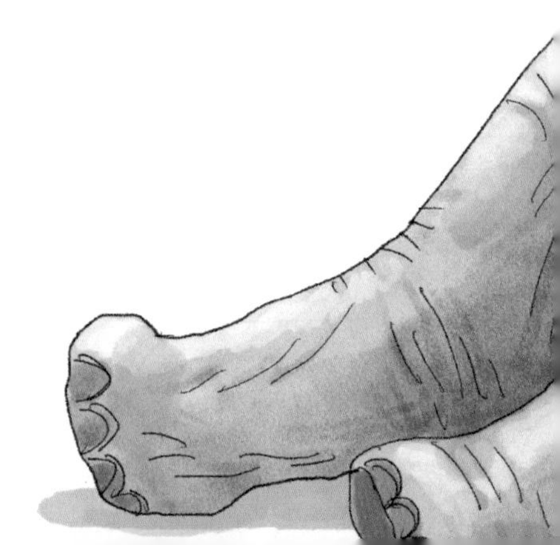

비글호는 인도양으로 향했다. 이 바다를 건너면 거대한 오스트레일리아 대륙이 나올 것이다.

"한참 날아갈 테니 다들 눈 좀 붙이렴."

와니와 아라는 이내 창가에 머리를 기대고 꾸벅꾸벅 졸기 시작했다. 호야는 독서 중이었고, 미리는 이제껏 만났던 나무늘보와 돌고래와 황제펭귄과 침팬지 그리고 코끼리를 생각했다.

그때 미리의 눈앞에 어떤 장면 하나가 생생히 떠올랐다. 아스팔트 길에 엎드린 코알라가 힘겹게 빗물을 핥아 먹는 장면이었다.

'코알라에게 무슨 일이 생긴 거지?'라고 생각한 순간, 이게 꿈이 아니란 것도 알았다. 미리는 잠들어 있지 않았다. 낮에 꾸는 꿈? 아니면 내가 미래를 내다본 걸까?

"호야, 너 뭐 읽고 있어?"

"응. 기후 변화에 관한 책인데, 여기 코알라 사진 봐. 너무 가엾지?"

호야는 사진에서 눈을 떼지 못했다. 미리가 본 것과 같은 장면이었다.

그때, 와니가 꿈틀대더니 얼굴을 찡그리며 잠에서 깨어났다. 와니는 불타는 숲에서 달아나지 못하고 우왕좌왕하는 코알라의 꿈을 꾸었다고 했다.

“이게 꿈이 아니라면? 우리의 생각이 서로 연결되어 있다면 어떨까?”

미리가 속삭였다. 와니가 부르르 몸을 떨며 덧붙였다.

“뭐냐, 그럼 이런 것도 초능력이냐? 이따금 우리가 하는 생각이 연결되고, 서로가 본 걸 공유하게 되는 거? 그럼, 아라는? 아라도 그래?”

어둠 속에서 아라가 훌쩍이며 잠꼬대를 했다.

“코알라야, 도망쳐…!”

# 에필로그

류는 유리에 비친 자신을 바라보았다. 깔끔한 정장이 어쩐지 어색했다.

'야생의 숲에서 알몸으로 비를 맞으며 살 줄 알았는데.'

류가 재단에 소속된 후, 실제로 하게 된 일은 상상하던 것과는 거리가 멀었다. 새끼 코끼리를 구조하거나 침팬지 보호소를 만드는 감동적인 순간도 있었다. 그러나 대부분의 시간은 동물과 환경 보호에는 아무 관심이 없는 사람들을 설득하거나, 의견이 다른 사람들과 지루한 회의를 하며 보냈다. 지금처럼 대기업 홍보실에서 젊은 사장을 기다리고 있는 상황도 그중 하나였다.

“이렇게 참여하게 돼 영광입니다. 선친께서 환경 보호에 관심이 아주 많으셨어요.”

이 무역 상사의 역사는 100년도 넘었다. 이 기업은 최근 재단에 수십만 달러의 기부금을 내기로 했다.

“침팬지박사님은 정말 특별한 분이더군요. 그분과 대화를 나누면서 저도 가슴에 불꽃이 켜지는 기분이었습니다. 희망의 불씨랄까요.”

오늘은 기부 서류에 최종 서명을 하는 날이다. 이런 기회를 만들기 위해서 재단 직원들과 침팬지박사님은 길고 어려운 설득을 이어 왔다. 야생 동물의 서식지를 보호하기 위해 훼손되지 않은 어마어마한 면적의 땅이 필요했다. 이 기금은 그 땅을 사는 데 사용될 것이었다.

야생 동물 서식지 보호 기금으로 50만 달러를 기부합니다.

OOOO 무역 상사 대표, OOOO (인)

젊은 사장은 만년필로 서명한 뒤 도장을 찍었다. 자세히 보니 코끼리 가족이 놀랍도록 섬세하게 조각된 작품이었다. 젊은 사장은 류의 시선을 느꼈는지 기분 좋게 이야기를 시작했다.

"다들 신기해하더군요. 그래서 최종 결재 서류에는 꼭 이 도장을 찍습니다. 뭐, 자랑은 아닙니다만, 4대조 할아버지께서 거금을 주고 황실 소속 조각가에게 직접 부탁해 만든 것이라더군요. 아마 집 열 채 값은 들어갔을 거래요."

"놀랍네요. 이 작디작은 도장 하나에 코끼리 가족 전부가 조각되어 있군요."

겨우 손가락 하나 정도 크기의 공간에 코끼리 가족을 전부 조각하다니, 그것도 저마다 다른 개성과 모습을 섬세하게 표현해 놓았다.

창업주의 5대손이라는 젊은 사장은 어딘가 낯이 익었다. 깔끔하고 영민한 인상이었다. 이야기해 보니, 류와 사장은 같은 대학교 출신이었다. 갑자기 친밀감을 느낀 사장은 편하게 이야기를 늘어놓기 시작했다.

"너처럼 살 수 있다니 정말 부럽다. 이따가 가볍게 술이라도 한잔할까?"

류는 이런 거금을 선뜻 내준 회사와의 관계를 위해서라도 거

절할 수 없었다.

“나도 대학 때 사파리 여행을 해 본 적이 있어. 그 후로 매일 아프리카 꿈을 꾸지. 잊지 못할 경험이야. 은퇴하면 나도 자연 속에서 야생 동물들과 벗하며 살고 싶어. 이봐, 재미있는 이야기 하나만 풀어 봐. 제일 인상적인 사건이 뭐였어?”

대부분은 재단에서 일한다고 하면, 다들 야생 동물과 벗하며 낭만적인 삶을 살 것이라고 착각한다. 류도 그랬다.

“어젯밤 보고서에서 읽은 이야기를 하나 들려줄까.”

류는 온 가족이 몰살당하고 혼자 살아남은 꼬마 아말리의 이야기를 들려주었다. 물론 꼬마가 코끼리라는 이야기는 빼고. 사실 그 이야기에서 꼬마가 코끼리건 인간이건 뭐가 중요한가? 아말리와 청년이 40년 만에 다시 만났다는 행복한 결말은 누구나 좋아할 만한 이야기였다.

“온 가족이 학살되는 가운데 살아남았다니, 아말리라는 아이 정말 대단해. 그런데 당시에 무슨 전쟁이 있었지? 아프리카 역사는 가물가물해서.”

“전쟁 때문은 아니고.”

“그럼, 돈 때문이었나?”

“뭐 그런 셈이지. 화이트골드라고도 하니까.”

"화이트골드라니, 그게 뭔데?"

"그것. 네가 방금 서류에 찍었던 그것."

사장은 깜짝 놀라 집안 대대로 내려왔다는, 그 아름다운 도장을 집어 들었다.

"아, 이 상아 말인가?"

"응. 사실 정확히는 상아가 아니라, 엄니야. 코끼리의 엄니."

코끼리 처음 봤을 때
진짜 놀랐잖아요.
상상하던 것보다도 더 컸어요!

맞아. 코끼리가 속한
코끼리과는 현재 지구에 살고 있는
육상 동물 중 가장 큰 동물들을
모아 놓았지.

막 태어난 코끼리의 무게가
80킬로그램 정도고,
다 자라면 3톤에서 8톤 정도나
되니, 공룡을 보는 느낌과
비슷하지 않을까?

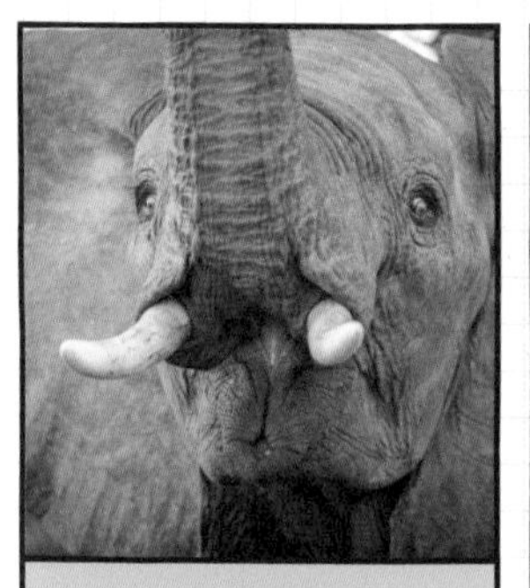

코끼리의 가장 큰 특징인
긴 코는 코와 윗입술이 합쳐져서
길어진 거야. 코가 발달해서
육지 동물 중에 후각이
가장 뛰어난 동물이기도 하지.

코끼리 코끝에는 콧구멍과
돌기가 있어. 또 코에
15만 개가 넘는 근육이
있어서 코를 손처럼
섬세하게 사용할 수 있단다.

코끼리는 코로 9리터의 물을
빨아들이고 내뿜을 수도 있어.

그래서 코를 샤워기처럼
쓸 수도 있군요!

코끼리는 아프리카코끼리속의 아프리카코끼리와 둥근코끼리 그리고 아시아코끼리속의 아시아코끼리 이렇게 3종으로 분류하지.

빙하기 대표 동물인 매머드도 코끼리과 암무투스속으로 코끼리의 한 종류야. 러시아에서는 1만 년 동안 얼음 속에 있던 매머드 유해가 발견되기도 했단다.

## 아프리카코끼리(*Loxodonta africana*)

아프리카코끼리는 현존하는 코끼리 중에서 가장 큰 종이야. 다른 종보다 귀와 상아도 크단다. 암수가 모두 상아를 가지고 있다는 점도 아시아코끼리와 다른 점이고.

아프리카코끼리는 주로 사바나, 초원, 사막에서 서식해. 등 한가운데가 움푹 들어가 있다는 특징도 있어.

## 둥근귀코끼리(*Loxodonta cyclotis*)

둥근귀코끼리는 아프리카코끼리와 같은 종으로 분류되다가 2010년 분화됐어. 코끼리 중에 덩치가 가장 작은 종이야.

귀 모양이 정말 둥글어요!

맞다. 귀가 둥글고, 상아도 다른 코끼리보다 곧은 모양으로 아래쪽으로 뻗는다는 특징이 있어.

## 아시아코끼리(*Elephas maximus*)

아시아코끼리는 귀가 아프리카코끼리의 절반 정도 크기야. 주로 아시아의 정글과 숲에서 살지. 암컷은 상아가 없다는 특징이 있어.

등에 아프리카코끼리처럼 움푹 들어간 부분이 없어. 현재는 인도코끼리, 스리랑카코끼리, 수마트라코끼리, 보르네오코끼리 네 아종이 서식하고 있단다.

박사님, 우리가 만났던 말라이카 가족 중에는 할아버지나 아빠 코끼리가 한 마리도 없었죠?

맞다. 코끼리는 10~30마리가 무리를 이루어 사는데, 보통 암컷과 새끼들로 이루어져 있어. 수컷은 10살이 넘으면 무리를 떠나 혼자 살아간단다.

말라이카처럼 경험 많은 할머니 코끼리가 우두머리를 맡아서 가족 전체를 이끌고 물이 있는 곳을 찾아다니지.

우두머리 코끼리는 생존에 필요한 정보를 다음 세대에게 전달하는 역할도 해.

10마리가 넘는 코끼리를 통솔하고 교육하려면 잘 발달한 언어가 필요할 것 같은데요?

그렇지. 사회적 상호 작용을 하고, 환경에 적응하기 위해 코끼리는 다양한 의사소통 방법을 발달시켜 왔단다.

코끼리는 청각이 매우 예민하단다. 사람이 들을 수 없는 14~35헤르츠의 저주파 소리를 낼 수 있어. 저주파 소리는 수십 킬로미터 떨어진 곳까지 전달되기 때문에 장거리 소통에 유용해.

저주파 소리는 어떻게 내는 거예요?

몸 전체로 만들어 내는 강력한 소리야. 때로는 발로 땅을 내리쳐서 진동을 만들기도 하지.

코끼리 발가락뼈는 지방으로 싸여 있어서 땅에서 발가락뼈로 진동이 전달된단다. 발을 통해 소리를 듣는다고 할 수도 있겠지.

발로 흡수된 저주파는 귀의 내이에 전달돼. 코끼리 두개골 앞쪽에는 저주파 진동이 공명할 수 있는 빈 공간이 있어서 전달된 진동을 더 선명하게 느낄 수 있지.

대단하네요!

코끼리는 저주파를 통해 무리의 위치 파악, 위험 경고, 번식에 관한 정보 수집 등 생존에 꼭 필요한 의사소통을 하지.

가까운 곳에 있는 동료들과 소통하기 위해서는 울음소리, 그루밍 소리, 코로 내는 소리 등 다양한 소리를 이용해. 이 소리는 인간도 들을 수 있지.

특히 코끼리가 코로 바람을 세게 불면 트럼펫 소리 같은 게 난단다. 입이 아니라 코로 내는 소리지. 경고나 위험을 알리는 용도로 사용해.

코끼리는 코를 인간의 손처럼 탐색과 소통 수단으로 사용하기도 해. 우리가 궁금하면 손으로 만져 보고, 위로하기 위해 손으로 토닥거리는 것처럼 코끼리는 코로 탐색하고, 소통하지.

코끼리 귀도 의사소통 수단 중 하나야. 경계심이 들면 귀를 크게 펼쳤다가, 편안해지면 아래로 내리기 때문에 귀만 봐도 감정 상태를 알 수 있지.

엄마와 아기가 편안해 보여요.

코끼리는 인간 아이 정도의 지능을 가진 동물로 알려져 있어. 뇌의 무게만 5킬로그램이 넘는대. 특히 고등 사고 능력을 담당하는 대뇌 피질 영역이 넓어서 어쩌면 우리 짐작보다 더 똑똑한 동물일지도 모른단다.

코끼리는 거울이나 물에 비친 모습이 자신의 모습인 것을 인지하는 몇 안 되는 동물 중 하나이기도 해.

침팬지도 그랬죠!

"코끼리는 한 번 가 본 웅덩이를 70년 후에도 다시 찾을 수 있다."라는 말이 있단다. 그만큼 기억력이 좋은 거지. 경험을 기억하고, 공유하고, 다음 세대로 전수한단다.

이 정도면 사람 말도 배울 수 있을 것 같은데요.

실제로 말하는 코끼리로 <커런트 바이올로지>에 소개된 코끼리가 에버랜드에 산단다.

한국에서 태어난 아시아코끼리인 '코식이'는 '좋아, 앉아, 예, 안 돼, 발, 누워, 아직' 등의 단어를 따라 할 수 있다고 해.

특이한 것은 코식이는 입에 코를 넣고, 바람을 불어 넣어서 인간 말과 비슷한 소리를 낸다는 거야. 사육사와 유대를 돈독히 하기 위해 소리를 내는 방법을 스스로 개발한 거지!

2024년 6월
<네이처 생태학과 진화>에
발표된 연구에서는 코끼리들도
인간처럼 서로 이름을
부른다는 것이 밝혀졌어.

케냐에서 14개월 동안 수집한
코끼리 발성 자료를 분석한 결과
코끼리들이 특정한 소리로 특정한
코끼리를 부른다는 것을 알게 된
거지. 마치 우리 이름처럼 말이야.

태국 치앙마이에서는
그림 그리는 코끼리를
볼 수 있단다. 관광객들에게
이 그림을 비싸게 팔기도
하지.

와, 진짜
잘 그렸어요!

코끼리가 미술을 배울 수
있을 만큼 똑똑하다는 걸
보여 주는 사례지. 그런데
코끼리를 굶기고 족쇄를 채워
반복 연습을 시키는 것은
동물 학대라는 걱정도 크단다.

2024년 3월
<뉴 사이언티스트>에 따르면
인도 북부 벵골 지역에서
아시아코끼리가 죽은 새끼를
땅에 묻은 흔적이
발견됐다고 해.

무리를 지어 장례식을
치른 뒤 30분 동안 큰 소리를
내며 새끼 코끼리를
애도했다고 하더구나.

죽은 가족이나 친구에 대한
애도와 매장 행동은 인간,
코끼리, 영장류, 고래 등
인지 능력이 뛰어나고 복잡한
사회생활을 하는 동물들에게서
관찰된단다.

아프리카코끼리는 가족이나
친구가 사망하면 밤새 곁을
지키거나 멀리서 조문을
오기도 한단다.

사체가 있는 장소로 반복해서
돌아오거나, 곁을 떠나지 못하고
눈물을 흘리기도 하지. 그만큼
높은 인지 능력과 섬세한 감정을
가진 동물이라는 거지.

박사님, 코끼리가 저 큰 몸을 유지하려면 얼마나 많은 풀과 나뭇잎을 먹어야 하는 걸까요?

하루에 100킬로그램 이상의 식물을 먹는다고 보면 된단다.

상상하던 것보다 더 많아요!

안타까운 건 먹는 양에 비해 에너지 효율이 좋지 않다는 거야. 코끼리는 풀, 나무, 과일, 뿌리 등 많은 것을 먹어. 그리고 거대한 맹장과 대장에서 먹은 식물들을 발효시켜서 에너지를 얻지. 그런데 에너지 전환율이 40퍼센트 정도밖에 안 돼.

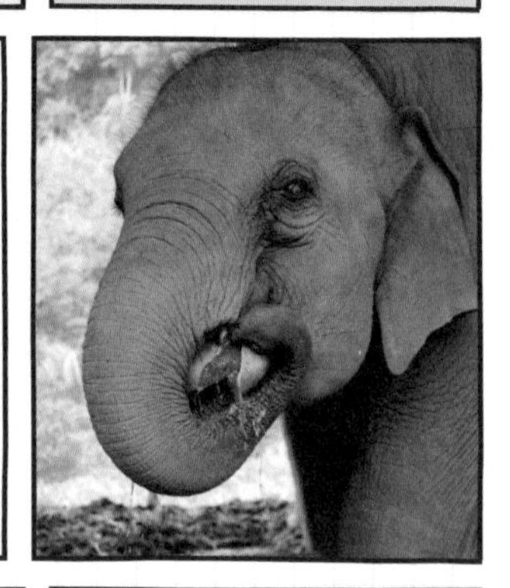

코끼리는 하루에 17~18시간 동안 먹는다고 해. 먹는 데 시간을 많이 쓰기 때문에 잠은 하루에 1~2시간 자는 게 다라고 하니, 생각보다 코끼리로 사는 건 힘든 일이겠지?

코끼리가 무리를 지어 먼 거리를 이동하는 것도 먹이 때문이지. 코끼리 무리는 지나가면서 길도 만들고, 물웅덩이도 만들지. 이걸 다른 동물들이 함께 이용하면서 생태계 유지에 중요한 역할을 하고 있기도 해.

코끼리는 먹은 양의
절반 정도를 소화를 못 시킨 채
배출하기 때문에 풀이 그대로
남아 있는 경우도 많단다.
그래서 똥 냄새도 나쁘지 않지.

사진처럼 소화되지 않은
씨앗이 그대로 똥에서
발아하기도 해. 그래서
코끼리는 씨앗을 여기저기
퍼트리는 역할도 하지.

코끼리 똥은 인기가 아주
많단다. 쇠똥구리뿐 아니라
개코원숭이, 사자, 하마 같은
육식 동물들도 좋아해.

육식 동물은 식물의 섬유질을
잘 소화하지 못하는데, 코끼리
똥은 한 번 소화된 순한 섬유질이라
인기가 많지.

심지어 아기 코끼리도 코끼리
똥을 먹는단다. 엄마 똥은
소화도 잘되고, 똥에서 식물의
소화를 돕는 박테리아도
얻을 수 있거든!

사실 사람도 코끼리 똥을
좋아하지. 코끼리 똥에서
골라낸 원두로 만든 커피는
쓴맛이 적고 부드러워서
세상에서 가장 비싼 커피 중
하나야.

이건 코끼리 똥으로 만든 종이야.
또 천연 비료로 사용되기도 하고,
아프리카에서는 말린 코끼리 똥을
연료로 사용하기도 해.

이렇게 쓸모가 많은
똥은 처음이에요!

박사님, 코끼리랑
사자랑 싸우면
누가 이길까요?

어른 코끼리라면 사자도 쉽게 덤비지
못하고 피하는 편이야. 몸집이 워낙 크니까
함부로 못 덤비는 거지. 아기 코끼리라면
사자나 하이에나의 공격을 받을 수도 있고.

사자도 피한다면,
진정한 밀림의 왕은
코끼리 아닐까요?

코끼리를 위협하는 건
밀림의 동물이 아니란다.

가장 심각한 건 코끼리의 엄니인,
상아를 탐내는 인간들의 공격이지.

상아를 왜 탐내요?

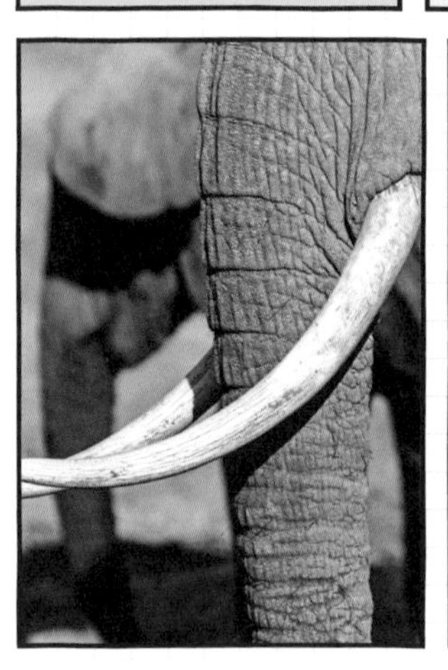

예전부터 코끼리 상아를
장신구, 조각상, 빗, 도장과
같은 물건으로 가공해서
비싸게 파는 문화가 있었단다.

이 상아 하나를 얻으려고
그 커다란 코끼리를
죽인다는 건가요?

안타깝게도 인간이
오랫동안 해 온 일이지.

2600만 마리이던
아프리카코끼리는 20세기 초에
1000만 마리 가까이 줄었고,
1970년에는 130만 마리로
감소했단다.

1989년 멸종 위기에
처한 야생 동식물종에 관한
국제무역협약(*CITES*)은
국제적인 상아 거래를
금지했고, 여러 보호 활동이
이루어지는 중이야.

2021년 미국 프린스턴대의
셰인 캠벨스태턴 교수 연구진은
〈사이언스〉에 의미심장한
연구 결과를 발표했어.

모잠비크에서 상아를 얻기
위한 밀렵이 성행하자
아프리카코끼리 암컷들이
엄니, 즉 상아가 없는
형태로 진화했다는 것을
확인했다는 연구 결과였어.

원래 아프리카코끼리는
암수 모두가 상아가 있고,
아시아코끼리 암컷만
상아가 없는 거였잖아요.

맞아. 상아를 가진
코끼리만 골라 죽이는
밀렵이 상아가 없는
상태가 자연 선택되는
압력으로 작용한 거지.

요즘은 밀렵보다 서식지
파괴가 더 걱정이야.
이게 무슨 열매인지 아니?

초콜릿 만드는
카카오요!

맞다.
코트디부아르의 카카오 농장,
케냐의 아보카도 농장,
동남아시아의 기름야자
농장들이 숲을 태우고
정글을 파괴하면서,
코끼리가 살아갈 땅이
급격히 줄고 있단다.

기름야자가 뭐예요?

과자나 라면에 꼭 들어가는
팜유의 원재료야.

우리가 매일 먹는 초콜릿,
아보카도, 라면, 과자랑
코끼리가 관계가 있다는 걸 몰랐어요.

코끼리야 미안해.

25쪽

## 최초의 인류 화석이 발견된 곳이 아프리카라고?

인간이라는 말은 현생 인류와 그 직계 조상을 포함하는 분류군인 사람속(Homo)을 의미하는데 일반적으로 진화 단계상 존재했던 다른 사람과도 포함한다. 사람속은 오스트랄로피테쿠스로부터 230만 년~240만 년 전 사이에 아프리카에서 분리된 것으로 본다. '걸어 다니는 최초의 유인원'으로 잘 알려진 화석 루시(Lucy)는 오스트랄로피테쿠스 아파렌시스(Australopithecus afarensis)로 1974년 에티오피아에서 발견되었다. 비틀즈 노래 제목을 따와서 '루시'라는 이름을 붙였는데 직립 보행을 한 인간의 조상이다.

현생 인류의 기원에 대해 가장 널리 받아들여지고 있는 모델은 '아프리카 기원설'이다. 이 가설은 DNA 염기 서열의 변화로 유추하여 아프리카에서 탄생한 현생 인류의 공통 조상이 유럽, 아시아 등 세계 각지로 이주했다는 모델이

에티오피아에서 발견된 최초의 직립 보행 유인원 화석 '루시'.

다. 인간의 기원에 관한 대부분의 화석 증거도 아프리카에서 발견되고 있다. 아프리카 대륙은 모든 것이 풍족해서 우리의 조상도 다른 유인원들과 함께 잘 살았을 것으로 추정된다. 1871년 찰스 다윈도 〈인간의 기원〉이라는 책에서 인간과 가장 가까운 친척인 침팬지와 고릴라가 살고 있는 아프리카를 인류의 고향으로 지목했으나 아프리카에 대한 선입견 때문에 받아들여지지 않았었다.

현생 인류가 아프리카에서 시작된 것에는 아직 큰 이견이 없지만 각 종에 대한 기존의 이론들은 아프리카에서 계속 다른 화석이 발견되며 수정되고 있다. 2019년에 에티오피아에서 발견된 화석으로 연구자들은 기존의 학설들을 재고해야 했다. 인류의 진화는 매끄러운 궤적으로 표현하기 어렵고 그 과정에 있는 무수히 많은 고리들이 아직 다 밝혀지지 않았다.

## 29쪽 꼬마는 두세 살이었는데, 왜 젖을 안 뗐을까?

꼬마가 사람이 아니라 코끼리였다는 건 이제 다 알았을 것이다. 아프리카코끼리는 약 22개월, 아시아코끼리는 18~22개월 동안 임신을 한다. 육상 포유류 중에서 가장 긴 기간이다. 태어나는 새끼도 100킬로그램 정도로 상당히 크다. 아기 코끼리는 혼자 서는 것은 가능하지만 엄마 코끼리 젖으로 영양분을 얻는다. 개체마다 다르지만 18개월 이후부터

수유 중인 아프리카코끼리.

젖을 떼기 시작해서 보통 수유 기간은 2~4년 정도다.
이 시기에 새끼 코끼리는 엄마의 젖을 통해 중요한 영양분을 얻지만 동시에 주변의 다른 음식도 탐색하기 시작한다. 젖을 떼는 시기에는 사람과 마찬가지로 점차 고형 음식을 섭취하면서 독립적인 식습관을 형성하게 된다. 젖을 먹는 시기는 어미와 새끼가 강하게 유대를 맺는 기간이다. 젖을 떼는 것은 새끼가 다른 코끼리와의 활발한 사회적 상호 작용과 새로운 식습관을 배운다는 의미이기도 하다.

## 코끼리가 정말 자신을 해치는 인간과 살리는 인간을 구분할 수 있을까?

2014년 〈미국 국립과학원 회보〉에 발표된 연구에서는 케냐 국립공원 야생 코끼리들에게 오랫동안 코끼리 사냥을 해 온 동아프리카 마사이 부족의 음성을 들려주었다. 마사이 부족의 음성을 들은 코끼리들은 다른 부족의 음성을 들었을 때보다 훨씬 방어적인 태도를 보였다. 같은 부족 안에서도 여성과 아이에 대해서는 덜 방어적이어서 성별과 나이까지 구분하는 것으로 보인다.
2016년 〈플러스원〉에 발표된 논문에서도 아프리카코끼리가 사람의 얼굴을 인식하고 기억하는 능력을 연구했다. 코끼리에게 위협적인 행동을 했던 사람과 친숙한 사람의 사진을 보여 줬을 때 위협적인 사람의 얼굴에 더 많은 주의를 기울이고, 경계 태세를 보였다. 코끼리가 단순히 인식을 할 뿐만 아니라 경험을 바탕으로 감정적인 반응을 보이고 기억까지 할 수 있는 지능을 가졌다는 사실이 밝혀진 것이다.
코끼리처럼 지능이 높은 돌고래나 침팬지는 가족이나 친구가 부상을 당하면 사람들에게 접근해 구조를 요청하는 행동을 보이기도 한다. 이런 행동을 통해 동물들의 사회적인 유대와 지능을 추측할 수 있다.

## 코끼리들은 왜 이동을 해야 할까?

거대한 코끼리는 하루에 약 100킬로그램 이상의 식물을 먹어야 한다. 이를 위해 다양한 식물이 있는 곳이나 물이 있는 곳을 찾아 하루 중 17~19시간, 평균 15km를 이동한다. 건기와 우기에 각각 식량과 물이 풍부한 장소가 다르기 때문에 무리가 함께 이동한다.

또한 코끼리는 짝짓기와 번식을 위해서 이동하는데 수컷은 암컷과의 만남을 위해서 이동하고, 암컷은 새끼를 낳기 위해 안전한 장소를 찾는다. 요즘에는 코끼리 서식지 가까운 곳에서도 인간의 개발과 활동이 빈번해져서 위협을 피하기 위해 이동하기도 한다. 오랫동안 다양한 경험을 한 나이가 많은 암컷 리더가 무리를 이끈다.

## 코끼리는 그 큰 몸으로 수영을 할 수 있을까?

코끼리는 자연에서 물을 찾고 더위를 식히기 위해 자주 수영을 한다. 물가에서 먹이를 찾거나 다른 코끼리들과 교류하기 위해서도 한다.

사회적인 동물인 코끼리에게 수영은 중요한 수단이다. 코끼리는 몸집이 크지만 두툼한 지방층을 가지고 있어 물에 쉽게 뜬다. 물속에 있을 때 긴 코를 물 밖으로 내밀어 호흡할 수 있어 오랫동안 수영이 가능하다. 큰 귀를 사용하여 수면 위로 떠오르기도 하고, 튼튼한 다리가 있어 물속에서도 쉽게 움직인다. 코끼리는 훌륭한 수영 선수이다.

코끼리는 긴 코를 이용해 물속에서도 숨을 쉴 수 있다.

## 코끼리를 따라다니는 새가 있다고?

아프리카에서는 코끼리의 거친 피부 위에 앉아 있는 붉은벌잡이새를 볼 수 있다. 이 작은 새는 코끼리 피부에 살고 있는 진드기, 구더기 등 기생충을 잡아먹는 청소부 역할을 한다. 코끼리가 이동하며 파 놓은 우물을 이용하는 동물들도 있다. 개코원숭이가 대표적으로 코끼리가 물을 마시거나 풀을 뜯을 때 함께 발견되는 경우가 많으며 주변에서 먹이를 찾거나 경계를 살피는 행동을 보인다.

붉은벌잡이새.

## 코끼리는 여섯 번째 이빨이 있나?

코끼리의 이빨은 상아로 불리는 엄니와 음식물을 씹는 기능을 하는 어금니로 구성된다. 코끼리의 어금니는 크고 평평하며 여러 개의 고리가 있는 모양으로 식물의 섬유질을 효과적으로 갈고 씹는 데 유리하다. 총 4개의 어금니를 가지고 있으며, 각각은 위턱과 아래턱 양쪽에 위치한다. 유치와 영구치로 구분되는 사람과 달리 코끼리는 평생 어금니를 6번 교체한다. 사람은 보통 영구치가 유치를 밀어내며 빠지고 영구치가 자리 잡는다. 코끼리의 새로운 어금니는 턱 안쪽에서 앞쪽으로 이동하면서 낡은 기존의 어금니를 밀어낸다.
각각의 어금니는 나이가 들면서 점차 마모되고 교체된다. 첫 번째 어금니는 2~3살, 두 번째는 4~6살, 세 번째는 9~15살, 네 번째는 18~28살 그리고 다섯 번째는 40

살이 넘어 교체된다. 마지막 여섯 번째 어금니는 코끼리의 남은 일생을 같이한다. 마지막 어금니마저 닳은 코끼리는 음식물을 씹을 수 없기 때문에 생존에 어려움을 겪는다.

## 상아의 정확한 이름이 코끼리의 엄니?

상아는 코끼리의 위쪽 앞니 2개가 변형된 것으로 주로 상아질로 구성되어 있으며 매우 단단하다. 멧돼지, 고라니, 바다코끼리 등의 송곳니가 자라 엄니가 되는 것과 다르다. 생후 6개월~1년에 유치 대신 자리 잡고 1년에 12cm 정도씩 최대 3m까지 자란다. 나무의 나이테처럼 보이는 뚜렷한 줄무늬를 갖는데 이는 상아와 다른 뼈의 가공품을 구분할 수 있는 특징이 된다.

코끼리의 상아 중 밖으로 드러난 부분은 나무를 자르거나 땅을 파는 행위 등에 사용되어 손상이 많고 자연적으로 부식되어 상품성이 높지 않다. 코끼리 얼굴 속에 있는 부분이 손상 없이 깨끗하기 때문에 밀렵에서 코끼리를 죽여서 상아를 얻는다. 국제적으로 상아를 수출, 수입하는 것이 금지되어 있지만 아직도 아프리카에서는 밀렵으로 상아를 채취하고 중국, 일본 등 아시아에서 주로 유통된다.

19세기에 상아는 장식품, 공예품, 도장, 단추, 당구공 등 다양한 물건에 사용됐다. 이를 위해 상아 밀렵이 성행하여 코끼리 수가 현저히 줄어들고 상아를 구하기 힘들어지자 미국 당구공 제조사에서 상아를 대신할 수 있는 물질을 만드는 사람에게 1만 달러의 상금을 걸었다. 이때 발명된 상아의 대체 물질이 셀룰로이드로 플라스틱의 시초라고 할 수 있다. 오늘날에도 화학 기술의 발달로 수많은 플라스틱이 만들어졌지만 진짜 상아와 같은 품질을 따라 할 수 없어 아직도 코끼리는 밀렵의 위험에 놓여 있다.

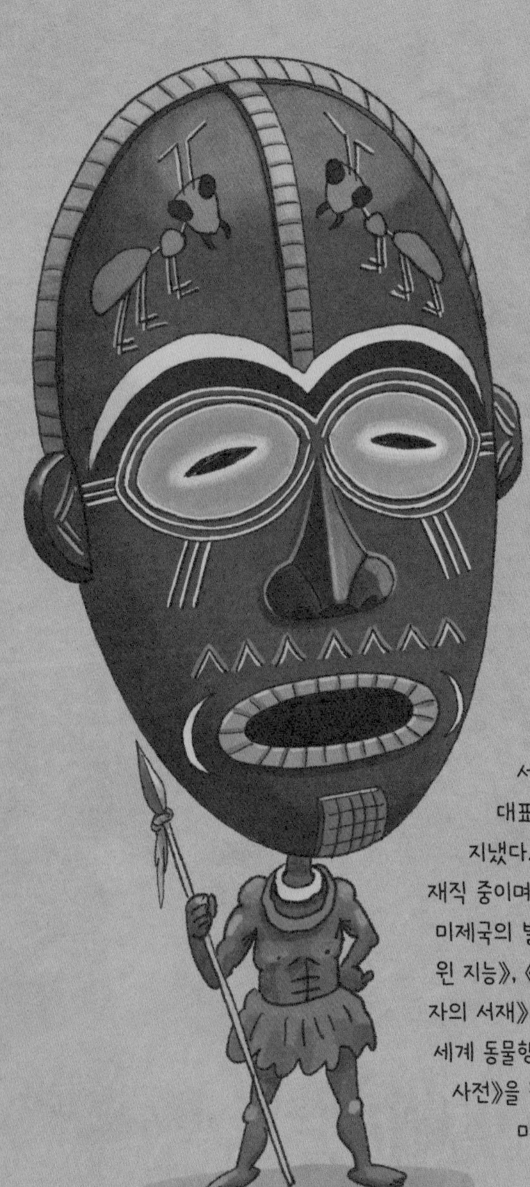

평생 자연을 관찰해 온 생태학자이자 동물행동학자. 서울대학교에서 동물학을 전공하고 미국 펜실베이니아주립대학교에서 생태학 석사학위를, 하버드대학교에서 생물학 박사학위를 받았다. 10여 년간 중남미 열대를 누비며 동물의 생태를 탐구한 뒤, 한국으로 돌아와 자연과학과 인문학의 경계를 넘나들며 생명에 대한 지식과 사랑을 널리 나누고 실천해 왔다.

서울대학교 생명과학부 교수, 환경운동연합 공동대표, 한국생태학회장, 국립생태원 초대원장 등을 지냈다. 현재 이화여자대학교 에코과학부 석좌교수로 재직 중이며 생명다양성재단의 이사장을 맡고 있다. 《개미제국의 발견》, 《생명이 있는 것은 다 아름답다》, 《다윈 지능》, 《열대예찬》, 《최재천의 인간과 동물》, 《과학자의 서재》, 《숙론》 등을 썼다. 2019년 총괄편집장으로서 세계 동물행동학자 500여 명을 이끌고 《동물행동학 백과사전》을 편찬했다. 2020년 유튜브 채널 〈최재천의 아마존〉을 개설해 자연과 인간 생태계에 대한 폭넓은 이야기를 전하고 있다.

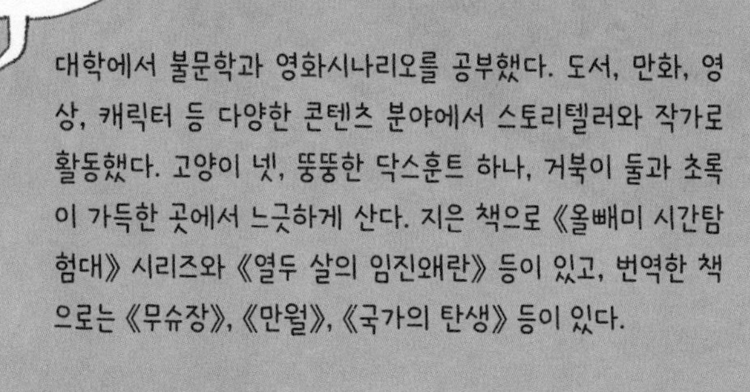
대학에서 불문학과 영화시나리오를 공부했다. 도서, 만화, 영상, 캐릭터 등 다양한 콘텐츠 분야에서 스토리텔러와 작가로 활동했다. 고양이 넷, 뚱뚱한 닥스훈트 하나, 거북이 둘과 초록이 가득한 곳에서 느긋하게 산다. 지은 책으로 《올빼미 시간탐험대》 시리즈와 《열두 살의 임진왜란》 등이 있고, 번역한 책으로는 《무슈장》, 《만월》, 《국가의 탄생》 등이 있다.

박현미

제주 출생. 대학에서 산업디자인을 전공했다. 오래도록 애니메이션 업계에서 일했다. 극장용 장편애니메이션 <마당을 나온 암탉>, <언더독>에서 미술 조감독으로 일했다. 어릴 적 꿈은 화가, 권법소녀, 로빈슨 크루소였고 요즘에는 만화가로 살고 있다. 언젠가는 직접 손으로 오두막집을 짓고 닭을 키우며 살기를 꿈꾸고 있다. 좋아하는 것은 만화, 고양이, 노래, 도서관, 뜨개질, 트레킹, 떡볶이. 직접 쓰고 그린 책으로는 환경만화 《멋진 지구인이 될 거야 1, 2》가 있다.

식물 생태와 에코 과학(융합 과학)을 전공하고 생명다양성재단 사무차장/책임연구원과 이화여대 에코과학부 연구원으로 일하고 있다. 열 살 아들과 열 여섯 살 시츄, 국립공원에서 일하는 남편과 백봉산 아래 자연과 친구 삼아 살고 있다. 과학을 대중들에게 쉽게 전달하기 위해 생활식물생태학, 바닥식물원 등 강연과 전시 활동을 지속하고 있다.

강한 자만 살아남는다고?
느리고 약한 나무늘보도
자신만의 방법으로 살아남지!

남방큰돌고래, 귀신고래,
돌묵상어, 슴새, 해마,
먹장어 등 신비로운
바다 친구들이 기다려!

인간보다 훨씬 먼저
농사를 짓기 시작한 천재
개미들의 세계로 직접
들어가 보자!

3달 동안 먹지도 눕지도
않는 눈물 겨운 황제펭귄의
육아 현장으로!

인간과 유전자의
99퍼센트가 같은 침팬지!
제인구달 선생님의 강력 추천
도서도 함께!

**최재천의 동물대탐험**

**❼ 무왕가 할머니의 장례식**

**초판 1쇄 인쇄** 2024년 10월 31일
**초판 1쇄 발행** 2024년 11월 13일

**기획** 최재천 **글** 황혜영 **그림** 박현미 **해설** 안선영
**펴낸이** 김선식

**부사장** 김은영
**어린이사업부총괄이사** 이유남
**책임편집** 이현정 **디자인** 남정임 **책임마케터** 안호성
**어린이콘텐츠사업5팀장** 이현정 **어린이콘텐츠사업5팀** 남정임 조문경 마정훈 조현진
**마케팅본부장** 권장규 **마케팅3팀** 최민용 안호성 박상준 김희연
**미디어홍보본부장** 정명찬
**저작권팀** 이슬 윤제희
**편집관리팀** 조세현 김호주 백설희 **제휴홍보팀** 류승은 문윤정 이예주
**재무관리팀** 하미선 김재경 임혜정 이슬기 김주영 오지수
**인사총무팀** 강미숙 이정환 김혜진 황종원
**제작관리팀** 이소현 김소영 김진경 최완규 이지우 박예찬
**물류관리팀** 김형기 김선민 주정훈 김선진 한유현 전태연 양문현 이민운

**펴낸곳** 다산북스 **출판등록** 2005년 12월 23일 제313-2005-00277호
**주소** 경기도 파주시 회동길 490 **전화** 02-704-1724 **팩스** 02-703-2219
**다산어린이 공식 카페** cafe.naver.com/dasankids **다산어린이 공식 블로그** blog.naver.com/stdasan
**종이** 신승INC **인쇄** 북토리 **후가공** 평창피엔지 **제본** 대원바인더리
**사진** www.shutterstock.com


ISBN 979-11-306-5909-1 74470 979-11-306-9425-2 (세트)

**책을 더 재미있게, 책을 더 오래 기억하는 방법**
다산어린이 공식 카페에는 다양한 독서 활동 자료가 있습니다.
자료를 활용하여 아이들의 독서 흥미를 더욱 키워 주세요.